记忆升级

如何在日常练习中记得更多、更快

[日] 池田文博 著

見るだけで勝手に記憶力がよくなるドリル2

中国青年出版社
CHINA YOUTH PRESS
中青文传媒

图书在版编目（CIP）数据

记忆升级：如何在日常练习中记得更多、更快／（日）池田义博著；张梦译.
—北京：中国青年出版社，2021.7
ISBN 978-7-5153-6395-0
Ⅰ.①记… Ⅱ.①池… ②张… Ⅲ.①记忆术 Ⅳ.①B842.3
中国版本图书馆CIP数据核字（2021）第086520号

记忆升级：如何在日常练习中记得更多、更快

作　　者：〔日〕池田义博
译　　者：张　梦
策划编辑：肖颖慧
责任编辑：肖　佳
文字编辑：张祎琳
美术编辑：张　艳
出　　版：中国青年出版社
发　　行：北京中青文文化传媒有限公司
电　　话：010-65511270／65516873
公司网址：www.cyb.com.cn
购书网址：zqwts.tmall.com
印　　刷：大厂回族自治县益利印刷有限公司
版　　次：2021年7月第1版
印　　次：2021年7月第1次印刷
开　　本：880×1230　1／32
字　　数：40千字
印　　张：5
京权图字：01-2020-6962
书　　号：ISBN 978-7-5153-6395-0
定　　价：39.90元

序

记忆力的秘密

1 为何通过“记忆力训练”可以提升记忆力呢

《记忆赋能：15天练出过目不忘的记忆法》这本书已经出版半年了。能在这么短的时间受到十几万人的喜爱，我非常开心。很多读者都表示十分期待续篇，所以感谢大家的支持，我才能这么快出版第二本书。首先，我会在前言中讲解一下记忆结构，这是复习上一本书的内容，看过的读者可以跳过这部分。

“记性越来越差，有点担心”“记不住人脸和人名”“记不住考试中频繁出现的词语”，解决这种记忆烦恼的关键就是“情感”。

提示我这一点的是“孩子们”。他们记忆力好是因为他们的好奇心特别旺盛。人在接触感兴趣的事物时会非常兴奋。这时大脑就会受到兴奋感的刺激。这种兴奋感不仅会刺激人脑中控制情感的小脑扁桃体，也会刺激小脑扁桃体旁边的海马体。海马体就是管理人类记忆的部位。也就是说，只要你有好奇心，记忆就会深深印在脑海之中。

但是长大成人以后，你要记住的并不全是能令你兴奋的事物了。不过请放心。本系列丛书会为大家介绍自然提升记忆力的方法，像少年时期一样，给你的大脑施以强烈刺激。

这种方法只是改变了你看待事物的观念。只需这样，你就会在不知不觉中记住想记住的东西。

2 想要提升记忆力，最重要的是“灵光一闪”

在开始记忆之前，你需要做好准备。所谓准备，就是对你想要牢记的对象抱有强烈的关心。不记得遥控器、眼镜放在哪儿了，然后来回翻找，这就是准备不足的典型案例。

然而，记忆力并不仅仅代表“瞬时记忆”，它还包括将进入脑中的信息进行“保存”和“提取”。原本大家瞬时记忆的能力相差无几，但对自己记忆力不自信的人，不擅长信息的“保存”和“提取”。这是因为他们经常会将信息打散，然后一股脑地装进脑子里。即使把大量的信息记入脑中，但由于没有进行整理，所以也很难将其轻松提取出来。于是这些记忆就渐渐模糊了。

因此在本书中，你将会掌握开启“记忆开关”的方法。这个方法就是给大脑一个“灵光一闪”的刺激。举个例子，一开始你并没注意某件事，可在你突然发现的瞬间，感觉就来了。这就是“灵光一闪”。

漫画里经常出现这种场景，某个人突然灵光一闪，头上出现了一个闪光的灯泡，表达的就是这种状态。在你接收信息的时候，当你出现“我知道了！”“我找到了！”这样的灵光一闪——也就是刺激时，“记忆开关”就会开启。记忆准备就绪后，你就可以一边整理一边将信息存入大脑了。

3 提升记忆力的5个感知

话虽如此，但要从想记住的事情中找到突如其来的灵光一闪，是非常困难的。所以就需要经常有意识地寻找灵光一闪。这种意识，在本书中称为“灵光一闪感知器”。运用这种感知器，就会比较容易出现“我知道了！”“我找到了！”的感觉。

正如第8页所述，灵光一闪感知器有5种。这5种感知器一旦开始运行，记忆开关就会自动开启，甚至也会在不知不觉中提升注意力。

这样一来，就算迷迷糊糊毫无目的地看着什么，也会从中找到“啊，原来如此啊！”的灵光一闪。这种灵光一闪会刺激大脑，将你想要牢记的信息自然而然地印刻在你的脑海中。

1	感官探测	会把找出隐藏信息的快感印刻在脑中。
2	分类感知	压缩相似信息的记忆量，增加储存记忆的空间。
3	对照感知	举一反三，提升记忆效率，牢记有效信息。
4	记忆感知	运用想象力，深度挖掘隐藏在脑海深处的记忆。
5	关联感知	在需要的时候，能够快速从脑中提取相关信息。

4 只需通过做题训练，就可以掌握灵光一闪

为了让大家获得灵光一闪感知器，从第 1 章开始，我就为大家准备了原创的“记忆力训练题”。在做题的过程中，就能自动安装上灵光一闪感知器。

只要安装上这个感知器，无论是工作、学习、日常生活还是其他场景，你都能发挥以下 3 种能力。

1 高效率记忆

2 持久性记忆

3 轻松回忆所需信息

所有人都拥有出色的记忆力。但是由于不了解使用大脑的方法，所以很多人无法发挥自己真正的能量。

就让本书的记忆力训练来为你安装灵光一闪感知器，大幅度提升你的记忆力吧。

5 1天做2道题就行，做错也没关系

本书并不是要教你掌握记忆技巧，而是希望你能在开心训练的过程中，不知不觉地提升自己的记忆力。所以就算做题做得不顺利，也无需悲观。

比起完美解题，更有意义的是“我一定要解出来”的专注。因为没有时间限制，所以你可以放松且专心地做题。

你可以自由选择进行记忆力训练的时间，不过我比较推荐“起床后到上午10点之前”和“下午4点后到晚饭之前”这段头脑清醒灵活的时间。

本书一共准备了70道训练题。其中也收录了新题型，所以即使已经购买了第一本书的读者应该也能体验到新鲜感。

你可以按顺序做题，也可以从感兴趣的章节开始做题。不过无论是哪种顺序，最好还是整章整章地进行训练。每天做2道题，可以做35

天。一口气做10道的话，一周就做完了。请大家定个目标，按照自己的节奏进行训练。

让大脑满负荷运行很重要，所以若想反复练习，可以在忘记答案的时候复习，或者与上一本书交替阅读。重点训练弱项章节也是一个好方法。

请一定用适合自己的方法，放松地进行记忆力训练。

【提升效率的关键】

放松且专注地做题

整章训练

做不出来
也不要烦躁

6 关于“记忆力训练”，收到了这样的评价

评价 1

为了更换驾驶证！

（78岁·男性）

为通过机动车驾驶证的认知能力测试买的，非常有用。

评价 2

有趣到让我忘记了时间！

（82岁·男性）

太有意思了，我专注做题都忘记了时间。我需要的就是这种书，谢谢。

评价 3

工作效率提高了！

（60岁·女性）

我不用写购物清单也能去买东西了，打工时的效率也提高了。大脑变得很有活力，我非常开心。

评价 4

好想推荐给别人！

（24岁·女性）

所有题目的难度都恰到好处，不断解题很有成就感。已经推荐给家人了。

评价 5

太有趣了，做不腻！

（67岁·女性）

愉快地做题，一点也不腻地做到了最后。

※记忆力的恢复效果因人而异

评价 6

能让大脑运转到出汗！

（59岁·男性）

很有趣。大脑都出汗了，像是头脑体操一样。

评价 7

文字够大，没有压力！

（26岁·女性）

这是我送给爷爷奶奶的礼物。他们能够喜欢我很开心。字号也很大，便于老年人长时间阅读。

评价 8

可以和孩子一起玩！

（41岁·女性）

文字很大，便于阅读，感觉可以和年纪大的人、二年级、四年级、六年级的孩子们一起做着玩。

评价 9

记忆力和注意力都提高了！

（75岁·男性）

我的注意力提高了，记忆力变好了。每天都很开心。

评价 10

答对题好开心！

（8岁·小学生）

答对题好开心！

评价 11

夫妻二人每天都玩得很开心！

（82岁&80岁·夫妻）

我们夫妻二人每天一边聊天一边解题，欢笑着度过愉快的时光。

评价 12

预防父母老年痴呆！

（43岁·女性）

我觉得这本书很适合预防父母老年痴呆。

评价 13

读着读着就精神百倍！

（75岁·女性）

读着读着我的精神头就上来了。我还给读高中的孙子买了一本。

目录

序章 记忆力的秘密

第1章 感官探测训练

第2章 分类感知训练

第1章

感官探测训练

感官探测训练

1

找出不同点

100个图标或汉字中，只有一个不同点。请尽快找出这个不同点。

例题 图中只有一个不同点。请尽快找出这个不同点。

感官探测训练

2

找出隐藏的词语

表中各处隐藏着与题目相关的10个词语。请把它们全部找出来。文字只有两个阅读顺序，由上至下和由左至右。

例题 请在表中的词语和句子中找出10个隐藏的“白色物体”。

人	雪	花	和	似	新	泥	打	印	用	纸
州	如	副	乱	山	娘	香	万	里	晴	空
大	米	饭	春	参	婚	翠	刀	风	抽	色
月	寒	水	车	马	纱	题	夜	草	取	晚
长	河	落	日	圆	最	外	枝	湖	式	飞
原	时	千	树	万	树	梨	花	开	面	飘
味	今	我	思	投	太	阳	上	雨	巾	风
酸	石	小	相	影	空	海	决	年	纸	杯
奶	去	麦	杨	幕	航	黄	伤	土	关	横
可	瘦	粉	工	布	大	恨	窗	金	针	菇

人	**雪**	**花**	和	似	**新**	泥	**打**	**印**	**用**	**纸**
州	如	副	乱	山	**娘**	香	万	里	晴	空
大	**米**	**饭**	春	参	**婚**	翠	刀	风	**抽**	色
月	寒	水	车	马	**纱**	题	夜	草	**取**	晚
长	河	落	日	圆	最	外	枝	湖	**式**	飞
原	时	**千**	**树**	**万**	**树**	**梨**	**花**	**开**	**面**	飘
味	今	我	思	**投**	太	阳	上	雨	**巾**	风
酸	石	**小**	相	**影**	空	海	决	年	**纸**	杯
奶	去	**麦**	杨	**幕**	航	黄	伤	土	关	横
可	瘦	**粉**	工	**布**	大	恨	窗	**金**	**针**	**菇**

感官探测
训练

3

只动眼睛

按照数字或图的顺序浏览，尽量不要转动头部，只动眼睛。

例题 只动眼睛，按顺序从1数到10。尽量不要转动头部。

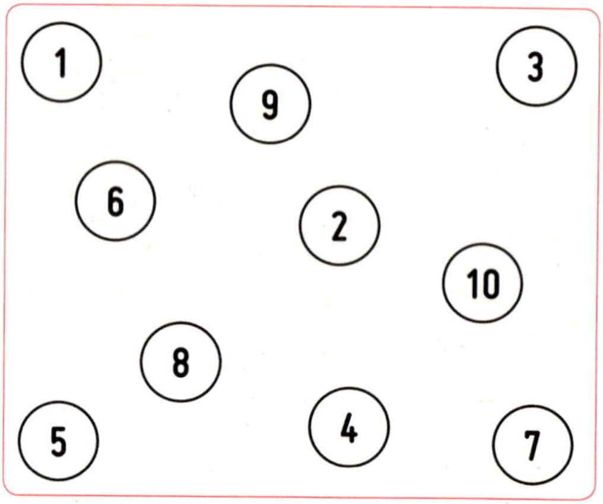

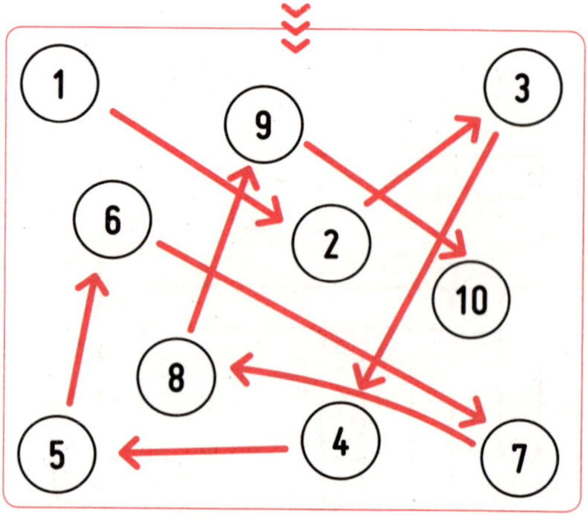

感官探测
训练 ①

1

图中只有一个不同点。请尽快找出这个不同点。

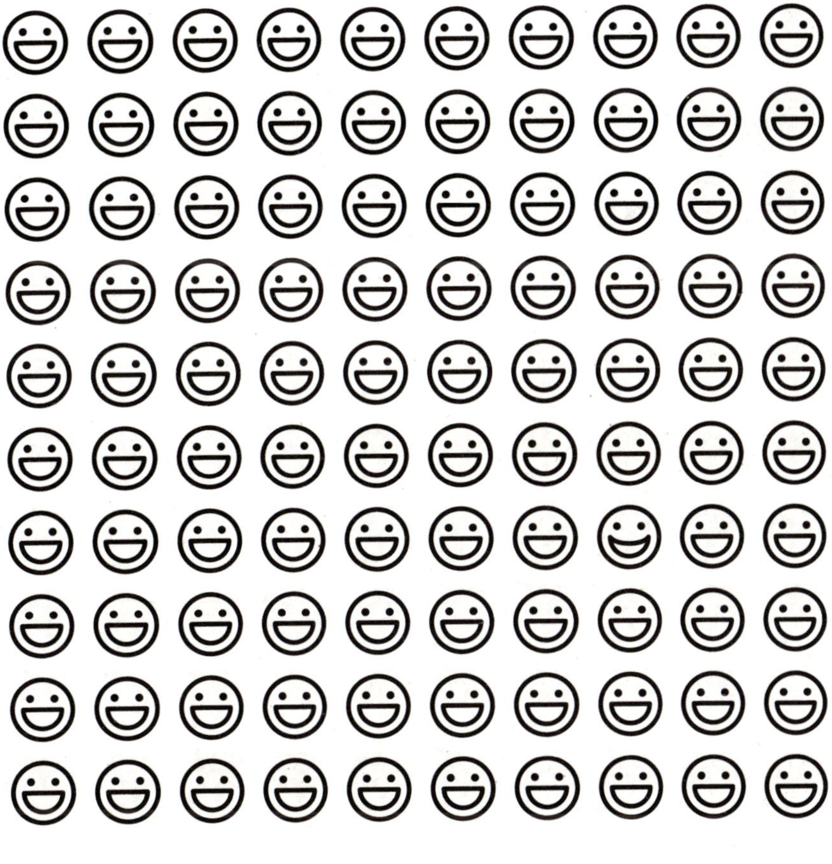

感官探测训练 ①

2

图中只有一个不同点。请尽快找出这个不同点。

感官探测训练 ①

3

表中只有一个不同的汉字。请尽快找出这个字。

待 待 待 待 待 待 待 待 待 待
待 待 待 待 待 待 待 待 待 待
待 待 待 待 待 待 待 待 待 待
待 待 待 待 待 待 待 待 待 待
待 待 待 待 待 待 待 待 待 待
待 待 待 待 待 待 待 待 待 待
待 待 待 待 待 待 待 待 待 待
待 待 待 待 待 待 待 待 待 待
待 待 待 待 待 侍 待 待 待 待
待 待 待 待 待 待 待 待 待 待

感官探测训练① 4

表中只有一个不同的汉字。请尽快找出这个字。

狭 狭 狭 狭 狭 狭 狭 狭 狭 狭

狭 狭 狭 狭 狭 狭 狭 狭 狭 狭

狭 狭 狭 狭 狭 狭 狭 狭 狭 狭

狭 狭 狭 狭 狭 狭 狭 狭 狭 狭

挟 狭 狭 狭 狭 狭 狭 狭 狭 狭

狭 狭 狭 狭 狭 狭 狭 狭 狭 狭

狭 狭 狭 狭 狭 狭 狭 狭 狭 狭

狭 狭 狭 狭 狭 狭 狭 狭 狭 狭

狭 狭 狭 狭 狭 狭 狭 狭 狭 狭

狭 狭 狭 狭 狭 狭 狭 狭 狭 狭

请在表中找出10个隐藏的“运动名称”。阅读顺序为由上至下和由左至右。

感官探测训练②

1

级	撑	杆	跳	高	科	成	击	花	儿	童
承	远	木	空	手	道	量	题	样	游	出
北	一	劲	射	正	击	说	出	滑	惜	净
高	百	东	七	式	自	法	神	冰	自	炎
尔	一	手	人	增	由	退	酷	板	由	出
夫	十	向	制	双	泳	体	能	身	式	私
南	米	人	橄	棒	接	隐	藏	设	滑	岩
项	跨	西	榄	赛	力	春	天	立	雪	石
目	栏	樱	球	体	子	艺	术	体	操	用
国	跑	花	羽	毛	球	霞	冬	加	奥	离

感官探测训练②

2

请在表中找出10个隐藏的“植物名称”。阅读顺序为由上至下和由左至右。

培	滴	方	步	东	来	黑	西	当	舞	地
土	水	高	满	夏	运	璃	风	名	琉	涌
难	观	西	天	合	绿	午	信	食	点	金
青	音	八	星	百	萝	样	子	忘	中	莲
生	年	节	边	早	春	卉	云	星	开	家
神	宝	水	仙	紫	白	冬	空	乔	凤	机
景	头	帆	永	美	念	天	大	金	尾	观
袖	珍	力	怀	罗	洁	红	富	秋	丝	赏
雪	落	叶	松	波	海	洋	贵	秀	兰	石
玫	瑰	品	有	蓝	鲜	久	竹	书	类	种

感官探测训练②

3

请在表中的词语和句子中找出10个隐藏的“圆形物体的名称”。阅读顺序为由上至下和由左至右。

纽	安	游	泳	圈	学	生	像	秀	同	击
扣	高	分	气	大	珠	小	珠	落	玉	盘
电	脑	望	正	方	形	楼	云	天	剑	康
池	笑	远	和	戒	指	发	手	组	测	自
药	容	镜	里	饭	味	动	收	上	指	行
结	入	镜	工	矿	泉	水	瓶	盖	家	车
公	成	片	呼	管	医	正	摩	明	到	胎
飞	安	扫	啦	理	小	众	天	国	开	集
镖	排	温	圈	数	间	生	轮	回	民	中
盘	体	度	做	字	单	将	改	心	苏	留

感官探测训练②

4

请在表中找出10个隐藏的“甜味食物的名称”。阅读顺序为由上至下和由左至右。

巡	内	型	哈	密	瓜	本	车	厘	子	导
主	牛	奶	糖	用	推	果	增	主	奶	加
效	通	中	间	天	巧	倍	可	翔	油	设
活	法	层	板	国	克	公	口	外	冰	计
吊	式	传	提	感	力	鸟	可	美	激	发
马	千	远	拉	圆	地	办	乐	程	凌	隐
目	层	角	米	火	内	速	平	度	动	机
口	蛋	方	苏	线	下	山	岛	红	接	信
标	糕	向	形	流	面	上	白	砂	糖	超
日	冰	焦	糖	卡	布	奇	诺	器	方	近

感官探测训练③

1

只动眼睛，按顺序从1数到30。尽量不要转动头部。

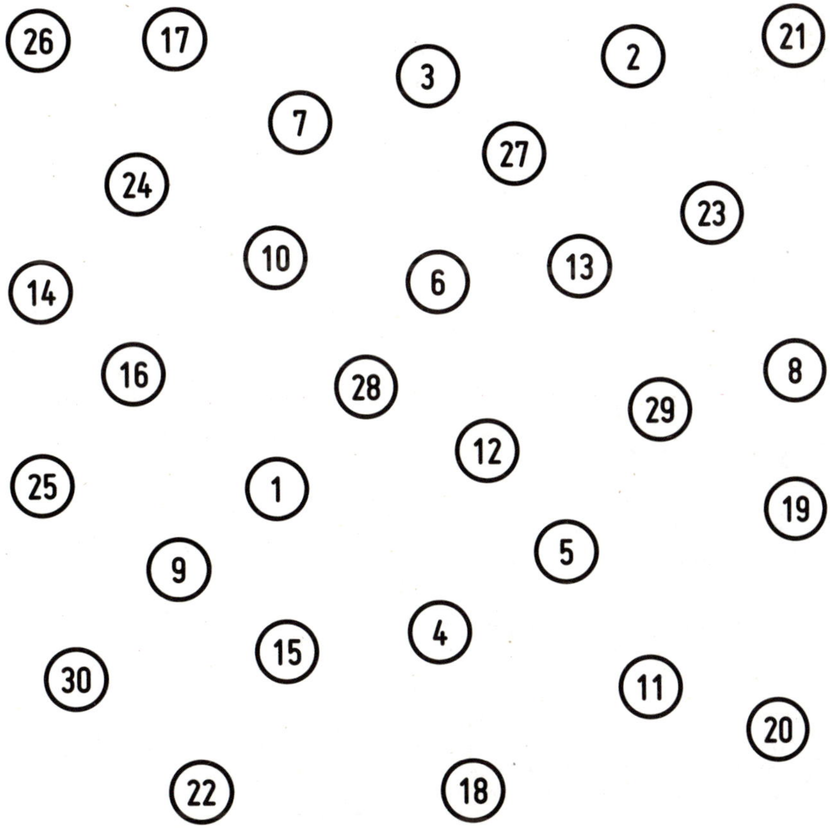

感官探测训练③

2

只动眼睛，按顺序从1数到30。尽量不要转动头部。

沿着线寻找每个数字最终通向哪里。尽量不要转动头部。

感官探测训练 ③

3

感官探测训练 ③

4

沿着线寻找每个数字最终通向哪里。尽量不要转动头部。

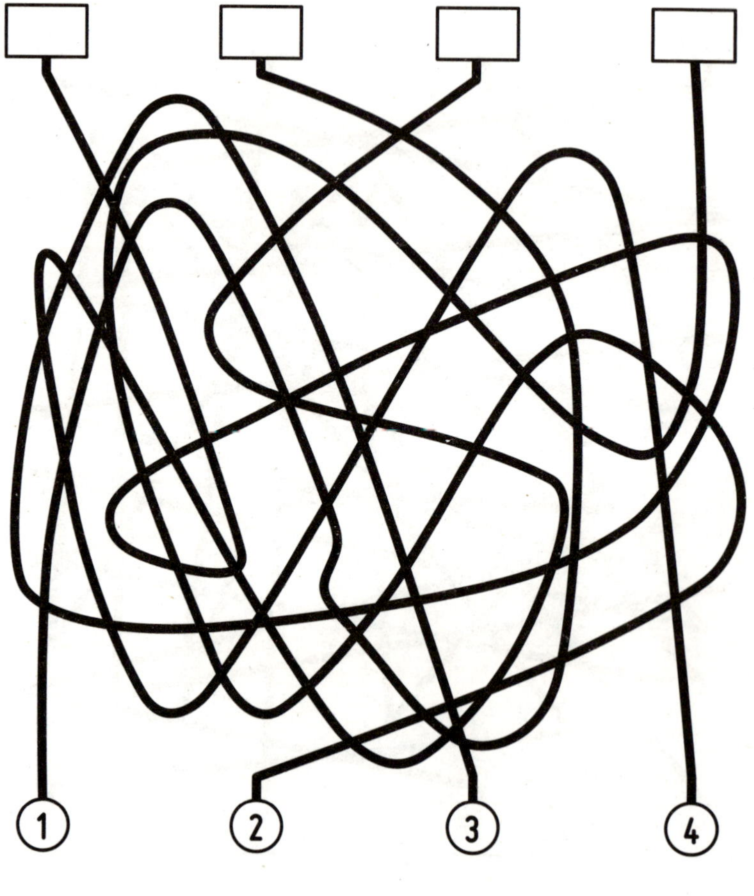

感官探测训练 ③

5

从起点沿着线看到终点，并计算图标（）的总数。尽量不要转动头部。

提示：注意交叉的地方不要算两次。

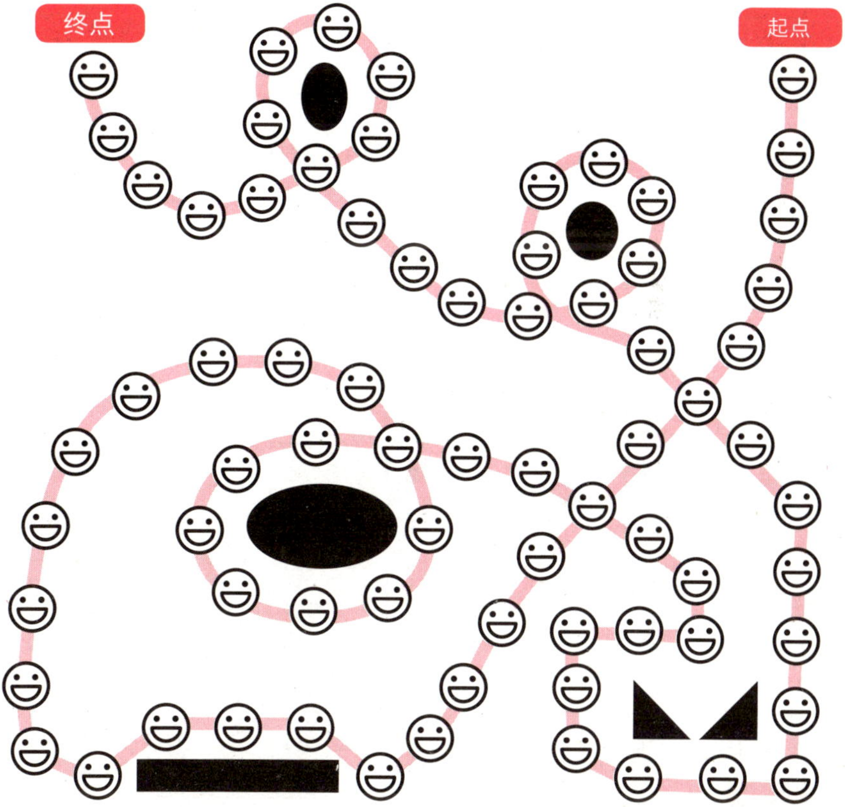

感官探测训练③

6

从起点按顺序看到终点，找出5个“水果的名称”。

起点

桂	土	点		枝	梅	樱		白	新	细		木
花		金		叶		心		园		葡		红
毛		果		本		雪		奇		多		西
蓝		龙		百		杨		异		紫		柿
雨		火		绿		炎		果		产		哈
榴		夷		天		糖		沙		萝		密
柠		威		苹		李		子		液		瓜
圆		夏		甜		青		番		汁		军
宝		疆		香		森		石		东		芒
莲		萄		开		场		龙		桃		黄
瓣		雾		鸡		怪		风		猴		酸
泽		奇		蛋		蜂		市		猕		甜
川		水		色		新		晴		水		海
丰		云		包		清		黑		富		南
蜜		南	面	菠		丹	仑	加		士	腻	冰

终点

感官探测训练答案

感官探测训练①

1

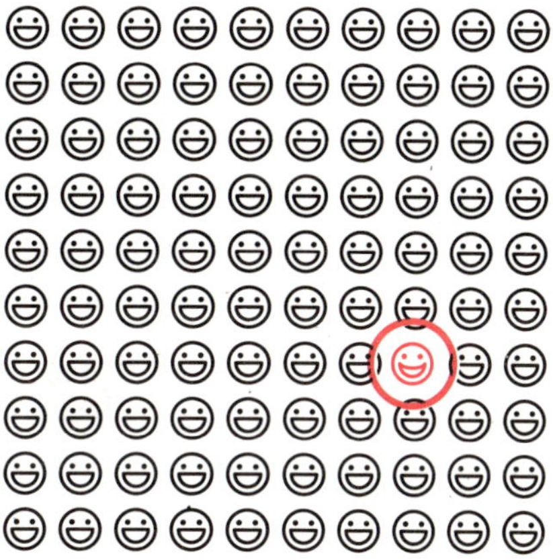

感官探测训练①

2

感官探测训练①

3

待 待 待 待 待 待 待 待 待 待
待 待 待 待 待 待 待 待 待 待
待 待 待 待 待 待 待 待 待 待
待 待 待 待 待 待 待 待 待 待
待 待 待 待 待 待 待 待 待 待
待 待 待 待 待 待 待 待 待 待
待 待 待 待 待 待 待 待 待 待
待 待 待 待 待 待 待 待 待 待
待 待 待 待 待 侍 待 待 待 待
待 待 待 待 待 待 待 待 待 待

感官探测训练①

4

狭 狭 狭 狭 狭 狭 狭 狭 狭 狭
狭 狭 狭 狭 狭 狭 狭 狭 狭 狭
狭 狭 狭 狭 狭 狭 狭 狭 狭 狭
狭 狭 狭 狭 狭 狭 狭 狭 狭 狭
挟 狭 狭 狭 狭 狭 狭 狭 狭 狭
狭 狭 狭 狭 狭 狭 狭 狭 狭 狭
狭 狭 狭 狭 狭 狭 狭 狭 狭 狭
狭 狭 狭 狭 狭 狭 狭 狭 狭 狭
狭 狭 狭 狭 狭 狭 狭 狭 狭 狭
狭 狭 狭 狭 狭 狭 狭 狭 狭 狭

感官探测训练②

1

级	撑	杆	跳	高	科	成	击	花	儿	童
承	远	木	空	手	道	量	题	样	游	出
北	一	劲	射	正	击	说	出	滑	惜	净
高	百	东	七	式	自	法	神	冰	自	炎
尔	一	手	人	增	由	退	酷	板	由	出
夫	十	向	制	双	泳	体	能	身	式	私
南	米	人	橄	棒	接	隐	藏	设	滑	岩
项	跨	西	榄	赛	力	春	天	立	雪	石
目	栏	樱	球	体	子	艺	术	体	操	用
国	跑	花	羽	毛	球	霞	冬	加	奥	离

感官探测训练②

2

培	滴	方	步	东	来	黑	西	当	舞	地
土	水	高	满	夏	运	璃	风	名	琉	涌
难	观	西	天	合	绿	午	信	食	点	金
青	音	八	星	百	萝	样	子	忘	中	莲
生	年	节	边	早	春	卉	云	星	开	家
神	宝	水	仙	紫	白	冬	空	乔	凤	机
景	头	帆	永	美	念	天	大	金	尾	观
袖	珍	力	怀	罗	洁	红	富	秋	丝	赏
雪	落	叶	松	波	海	洋	贵	秀	兰	石
玫	瑰	品	有	蓝	鲜	久	竹	书	类	种

感官探测训练②

3

纽	安	游	泳	圈	学	生	像	秀	同	击
扣	高	分	气	大	珠	小	珠	落	玉	盘
电	脑	望	正	方	形	楼	云	天	剑	康
池	笑	远	和	戒	指	发	手	组	测	自
药	容	镜	里	饭	味	动	收	上	指	行
结	入	镜	工	矿	泉	水	瓶	盖	家	车
公	成	片	呼	管	医	正	摩	明	到	胎
飞	安	扫	啦	理	小	众	天	国	开	集
镖	排	温	圈	数	间	生	轮	回	民	中
盘	体	度	做	字	单	将	改	心	苏	留

感官探测训练②

4

巡	内	型	哈	密	瓜	本	车	厘	子	导
主	牛	奶	糖	用	推	果	增	主	奶	加
效	通	中	间	天	巧	倍	可	翔	油	设
活	法	层	板	国	克	公	口	外	冰	计
吊	式	传	提	感	力	鸟	可	美	激	发
马	千	远	拉	圆	地	办	乐	程	凌	隐
目	层	角	米	火	内	速	平	度	动	机
口	蛋	方	苏	线	下	山	岛	红	接	信
标	糕	向	形	流	面	上	白	砂	糖	超
日	冰	焦	糖	卡	布	奇	诺	器	方	近

感官探测训练③

1

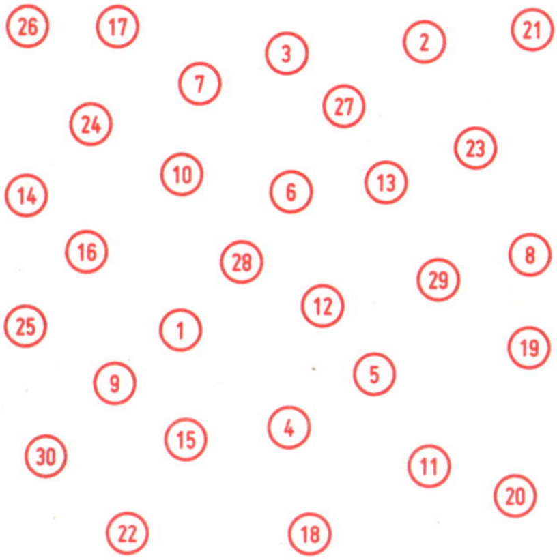

感官探测训练③

2

感官探测训练③

3

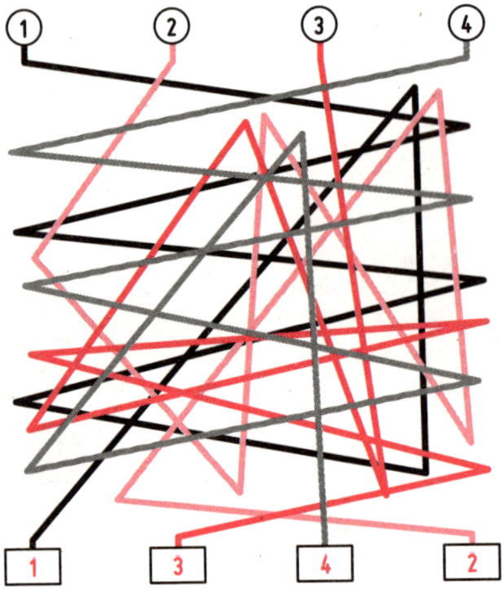

感官探测训练③

4

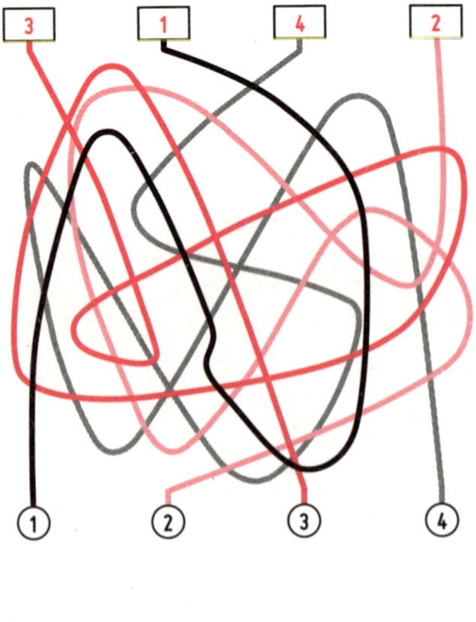

感官探测训练③

5

73个

感官探测训练③

6

桂	土	点		枝	梅	樱		白	新	细		木
花		金		叶		心		园		葡		红
毛		果		本		雪		奇		多		西
蓝		龙		百		杨		异		紫		柿
雨		火		绿		炎		果		产		哈
榴		夷		天		糖		沙		萝		密
柠		威		苹		李		子		液		瓜
圆		夏		甜		青		番		汁		军
宝		疆		香		森		石		东		芒
莲		萄		开		场		龙		桃		黄
瓣		雾		鸡		怪		风		猴		酸
泽		奇		蛋		蜂		市		猕		甜
川		水		色		新		晴		水		海
丰		云		包		清		黑		富		南
蜜		南	面	菠		丹	仑	加		士	腻	冰

专栏 上了年纪也能保持记忆力

随着年纪的增长，大脑衰退是不可避免的。但与肌肉一样，无论多大年纪都可以通过训练来锻炼大脑。

说起来可能有些炫耀的意思，我从45岁开始参加日本记忆力大赛，力压年轻选手，连续6次夺冠。这并非因为我是天选之子，而是每个人都有3个保持记忆力的小窍门，我只是灵活运用而已。

第一个是“想记住”。换言之，就是有记住的欲望。记忆力好的人从来不会想“我年纪大了，记不住了”。所以，下降的并不是记忆力，而是欲望。“我记不住”“我不行”这样的消极意识会关闭记忆开关。

第二个是“次数”，也就是复习。大脑有个特点，凡事只要多复习几次就会印象深刻。所以，多复习两次、三次，加深印象，强化记忆吧！

第三个是“情感”，即“共情”。情感是小脑扁桃体的能量来源，它的作用是提高记忆力。哪怕只有一点也没关系，比如愉快聊天，赏花闻香，品尝美食等。永远保持情感丰富、积极向上的生活方式就是提升记忆力的秘诀。

第2章

分类感知训练

分类感知训练

1 找出不同类别的词语

在5个词语中，有4个词是相同类别的。请找出它们的共同点，并找出那个不同的词语。

例题 请在5个词语中，找出1个不同类别的词语，并找出另外4个词语的共同点。

体操	柔道	游泳	保龄球	田径

共同点是?	不同的是?

共同点是? 奥运会项目	不同的是? 保龄球

通过联想将词语连接起来，到达终点

从最左边的词语开始，看到○就想到△，看到△就想到□。然后将联想到的词语连接起来，一直到达最右边的终点。词语不仅限于名词，只要自认为能连接起来就可以，有点牵强也没关系。倒数第二个词语是最难的，所以秘诀就是从后往前联想。

例题 从左边开始按顺序联想词语，连到最右边。

眼泪 ▶ ［　　］ ▶ ［　　］ ▶ ［　　］ ▶ 金鱼

↓

眼泪 ▶ 流淌 ▶ 河流 ▶ 鱼 ▶ 金鱼

分类感知训练

3 进行分类

在每个题目中，将词语或图标进行分类。尽快分好，然后找出符合题意的目标。

例题 下列词语中有1个词不是食物，请尽快把它找出来。

酸奶　金枪鱼

草莓　香肠　吵架

芭菲　苹果

鲷鱼　肉　炒面

酸奶　金枪鱼

草莓　香肠　吵架

芭菲　苹果

鲷鱼　肉　炒面

分类感知训练 ①

1

请在5个词语中，找出1个不同类别的词语，并找出另外4个词语的共同点。

1	乐器	海报	闹钟	广播	门铃	共同点是?	不同的是?
2	水	土	光	火	木	共同点是?	不同的是?
3	豆腐	烧肉	牛肉火锅	鱼肉汉堡	烤肉串	共同点是?	不同的是?
4	南极洲	大洋洲	非洲	北美洲	马六甲海峡	共同点是?	不同的是?
5	金鱼	熊猫	斑马	黑白棋	逆戟鲸	共同点是?	不同的是?
6	秋葵	梅干	山药	粽子	纳豆	共同点是?	不同的是?
7	大福	铜锣烧	布丁	羊羹	馅蜜	共同点是?	不同的是?
8	群马	静冈	山梨	长野	奈良	共同点是?	不同的是?
9	1000日元	500日元	100日元	50日元	10日元	共同点是?	不同的是?
10	团扇	书	纸拉门	奖状	锡箔纸	共同点是?	不同的是?

分类感知训练① 2

请在5个词语中，找出1个不同类别的词语，并找出另外4个词语的共同点。

1	海胆	海蜇	章鱼	鲇鱼	海葵	共同点是?	不同的是?
2	出租车	地铁	摩托车	拖拉机	公交车	共同点是?	不同的是?
3	衬衫	牛仔裤	T恤	眼镜	运动鞋	共同点是?	不同的是?
4	海苔	羊栖菜	豆腐	章鱼墨汁	木耳	共同点是?	不同的是?
5	英国	美国	澳大利亚	新西兰	法国	共同点是?	不同的是?
6	樱叶饼	牵牛花	赏樱	嫩草	杏花雨	共同点是?	不同的是?
7	飞镖	标枪	球拍	球	飞盘	共同点是?	不同的是?
8	陨石	降落伞	瀑布	月	雨	共同点是?	不同的是?
9	电视	信号灯	汽车转向灯	铁路道口	柏青哥台	共同点是?	不同的是?
10	马蜂	眼镜蛇	甲虫	蝎子	塔兰图拉毒蛛	共同点是?	不同的是?

分类感知
训练 ①
3

请在5个词语中，找出1个不同类别的词语，并找出另外4个词语的共同点。

1	黑豹	北极熊	绿鬣蜥	灰狼	苍鹰	共同点是?	不同的是?
2	高尔夫	游泳	链球	棒球	足球	共同点是?	不同的是?
3	床	点滴注射	跳箱	X射线	MRI	共同点是?	不同的是?
4	村	体	侍	佛	伤	共同点是?	不同的是?
5	抹茶	小麦粉	砂糖	胡椒粉	红豆	共同点是?	不同的是?
6	汗	河	泪	血	指甲	共同点是?	不同的是?
7	牛	鹿	山羊	犀牛	河马	共同点是?	不同的是?
8	虎	牛	马	山羊	长颈鹿	共同点是?	不同的是?
9	前照灯	闪光灯	磨砂玻璃	太阳	探照灯	共同点是?	不同的是?
10	单杠	蹦床	吊环	天棚	鞍马	共同点是?	不同的是?

分类感知训练①

4

请在5个词语中，找出1个不同类别的词语，并找出另外4个词语的共同点。

1	刀	钳子	剪子	菜刀	雕刻刀	共同点是?	不同的是?
2	蚂蚱	兔子	青蛙	大象	袋鼠	共同点是?	不同的是?
3	番茄酱	红辣椒	山葵	芥末	辣椒油	共同点是?	不同的是?
4	空调	打印机	团扇	电风扇	折扇	共同点是?	不同的是?
5	夏目漱石	伊藤博文	德川家康	野口英世	圣德太子	共同点是?	不同的是?
6	啤酒	乌龙茶	饼干	姜汁	可乐	共同点是?	不同的是?
7	苹果	西柚	菠萝	香蕉	柠檬	共同点是?	不同的是?
8	刨冰	鲷鱼烧	凉拌豆腐	凉面	冰激凌	共同点是?	不同的是?
9	网球	乒乓球	羽毛球	壁球	高尔夫	共同点是?	不同的是?
10	吉他	小提琴	大提琴	竖琴	长笛	共同点是?	不同的是?

从左边开始按顺序联想词语，连到最右边。

分类感知训练 ②

1

金字塔	▶		▶		▶		▶	水坝
医院	▶		▶		▶		▶	鲜奶油
雷	▶		▶		▶		▶	独角仙
照相机	▶		▶		▶		▶	占卜师
吸管	▶		▶		▶		▶	马拉松
结婚典礼	▶		▶		▶		▶	沙拉
南极	▶		▶		▶		▶	拖鞋
洗澡	▶		▶		▶		▶	自行车
洗衣机	▶		▶		▶		▶	碳酸
方向盘	▶		▶		▶		▶	田地

分类感知训练②

2

从左边开始按顺序联想词语，连到最右边。

温泉 ▶	▶	▶	▶	游泳池
奥运会 ▶	▶	▶	▶	宠物
婴儿 ▶	▶	▶	▶	罐头
火 ▶	▶	▶	▶	地球
大楼 ▶	▶	▶	▶	礼物
天妇罗 ▶	▶	▶	▶	梅干
砂糖 ▶	▶	▶	▶	比萨
混凝土 ▶	▶	▶	▶	新干线
毛衣 ▶	▶	▶	▶	酸奶
电梯 ▶	▶	▶	▶	黄油

分类感知训练②

3

从左边开始按顺序联想词语，连到最右边。

狗				寿司
淋浴				冰激凌
足球				警报器
狮子				冰
巧克力				相扑力士
骸骨				冬
存款				铁
鲸鱼				平底锅
拉面				乐器
水				铅笔

分类感知训练②

4

从左边开始按顺序联想词语，连到最右边。

直升机 ▶	▶	▶	▶	巡逻车
芥末 ▶	▶	▶	▶	电视剧
萤火虫 ▶	▶	▶	▶	拍手
手套 ▶	▶	▶	▶	滑雪
掰手腕 ▶	▶	▶	▶	塑料瓶
帐篷 ▶	▶	▶	▶	黄瓜
球 ▶	▶	▶	▶	跳舞
梦 ▶	▶	▶	▶	隧道
消防车 ▶	▶	▶	▶	宇宙
厕纸 ▶	▶	▶	▶	记事本

分类感知训练③

1

下列词语中有3个词是无需用电的东西，请尽快把它们找出来。

电风扇

探照灯

电子表

信号器

微波炉

空调

遥控器

电视

打印机

被褥干燥机

换气扇

收音机

自动扶梯

智能手机

复印机

电视游戏

风车

熨斗

滑梯

电脑

日光灯

新干线

机器人

DVD播放器

对讲机

隐形眼镜

吹风机

冰箱

摄像机

手电筒

分类感知训练③

2

下列词语中有3个词是与火无关的东西，请尽快把它们找出来。

篝火

烧田农业

枕头

炕炉

灭火器

耳机

炭

煤气管道

蜡烛

煤气灶

凸透镜

线香

火焰喷射器

壁炉

烤墨纸

灯油

汽油炉子

汽油

打火机

导火线

香烟

酒精灯

炉火

火柴

刨冰

消防车

氧气

烟花

煤气

烟

分类感知训练③

3

下列词语可以按照不同类别圈成3部分，请认真思考该如何画线。

柔道	忍者	寿司	饺子	熊猫
武士	好莱坞	牛排	华尔街	乌龙茶
富士山	美元	北京	麻婆豆腐	万里长城
天妇罗	MLB	天安门广场	风水	功夫
东京	夏威夷	自由女神	汉堡	孔子
和服	歌舞伎	榻榻米	纽约	总统

分类感知训练③

4

下列词语可以按照不同类别圈成3部分，请认真思考该如何画线。

林肯	爱因斯坦	汤川秀树	居里夫人	海明威
俾斯麦	爱迪生	达尔文	牛顿	芥川龙之介
板垣退助	圣埃克苏佩里	杉田玄白	伽利略	卡缪
吉田茂	森鸥外	孟德尔	北里柴三郎	托尔斯泰
丘吉尔	陀思妥耶夫斯基	塞林格	夏目漱石	卡夫卡
曼德拉	撒切尔	伊藤博文	戈尔巴乔夫	岩仓具视

分类感知训练 ③

5

下列汉字中有且仅有1个不能添加国字框，请尽快把它找出来。

人	大	口
寸	元	冬
玉	山	卷
古	木	韦

分类感知训练③

6

下列形状中有且仅有1个无法与其他形状组合成正方形，请尽快把它找出来。

分类感知训练答案

分类感知训练① 1

	共同点是?	不同的是?
1	出声的物体	海报
2	五行	光
3	荤菜	豆腐
4	洲名称	马六甲海峡
5	黑白相间	金鱼
6	黏黏的食物	梅干
7	日式点心	布丁
8	不临海	静冈
9	硬币	1000日元
10	用纸做的	锡箔纸

分类感知训练① 2

	共同点是?	不同的是?
1	海洋生物	鲇鱼
2	有轮胎	地铁
3	穿的东西	眼镜
4	黑色食物	豆腐
5	英语国家	法国
6	代表春天	牵牛花
7	可以扔的东西	球拍
8	有下落形态	月
9	灯光闪烁	电视
10	有毒的	甲虫

分类感知训练① 3

	共同点是?	不同的是?
1	名字里带颜色的动物	北极熊
2	使用道具的运动	游泳
3	医院里有的东西	跳箱
4	单人旁的汉字	村
5	粉状物	红豆
6	液体	指甲
7	有角的动物	河马
8	草食动物	虎
9	刺眼的物体	磨砂玻璃
10	体操项目	天棚

分类感知训练① 4

	共同点是?	不同的是?
1	尖锐物体	钳子
2	能跳的动物	大象
3	辣味调料	番茄酱
4	能制造风	打印机
5	印在纸币上	德川家康
6	饮料	饼干
7	黄色水果	苹果
8	凉的食物	鲷鱼烧
9	用球拍的运动	高尔夫
10	弦乐器	长笛

※仅用于参考，也可以是其他答案。

分类感知训练② 1

金字塔	国王	力量	电力	水坝
医院	医生	白衣	白	鲜奶油
雷	光	萤火虫	虫	独角仙
照相机	镜片	透明	水晶球	占卜师
吸管	吸	呼吸	有氧运动	马拉松
结婚典礼	蛋糕	草莓	水果	沙拉
南极	冰	刨冰	夏天	拖鞋
洗澡	热	汗	运动	自行车
洗衣机	洗	肥皂	泡沫	碳酸
方向盘	交通工具	拖拉机	耕地	田地

分类感知训练② 2

温泉	硫磺	臭	氯	游泳池
奥运会	运动	散步	狗	宠物
婴儿	奶	奶粉	罐	罐头
火	喷火	火山	岩浆	地球
大楼	灯光	蜡烛	生日	礼物
天妇罗	炸虾盖饭	盖饭	米饭	梅干
砂糖	砂糖粉	粉	小麦粉	比萨
混凝土	凝固	快速黏合剂	快	新干线
毛衣	暖和	热	发酵	酸奶
电梯	上升	烤面包机	面包	黄油

※仅用于参考，也可以是其他答案。

分类感知训练② 3

狗	宠物	猫	鱼	寿司
淋浴	热水	水	凉	冰激凌
足球	犯规	红牌	红	警报器
狮子	动物园	北极熊	北极	冰
巧克力	情人节	冬	相扑火锅	相扑力士
骸骨	可怕	颤抖	冷	冬
存款	钱	硬币	金属	铁
鲸鱼	大	中国	料理	平底锅
拉面	热	放凉	吹	乐器
水	水性	笔	学习用品	铅笔

分类感知训练② 4

直升机	螺旋桨	旋转	警笛	巡逻车
芥末	日料	美食节目	电视台	电视剧
萤火虫	发光	聚光灯	舞台	拍手
手套	冬	冷	雪	滑雪
掰手腕	腕力	训练	水分补给	塑料瓶
帐篷	野营	自然	绿	黄瓜
球	球技	网球	脚步	跳舞
梦	睡眠	卧室	暗	隧道
消防车	火灾	火焰	太阳	宇宙
厕纸	纸	笔	约定	记事本

分类感知训练③ 1

电风扇
探照灯
电子表
信号器
微波炉
空调
遥控器
电视
打印机
被褥干燥机
换气扇
收音机
自动扶梯
智能手机
复印机
电视游戏
风车
熨斗
滑梯
电脑
日光灯
新干线
机器人
DVD播放器
对讲机
隐形眼镜
吹风机
冰箱
摄像机
手电筒

分类感知训练③ 2

篝火
枕头
烧田农业
炕炉
灭火器
耳机
炭
煤气管道
蜡烛
煤气灶
线香
凸透镜
火焰喷射器
壁炉
烤墨纸
灯油
汽油炉子
汽油
导火线
打火机
香烟
酒精灯
炉火
火柴
刨冰
消防车
氧气
煤气
烟花
烟

分类感知训练③

3

柔道	忍者	寿司	饺子	熊猫
武士	好莱坞	牛排	华尔街	乌龙茶
富士山	美元	北京	麻婆豆腐	万里长城
天妇罗	MLB	天安门广场	风水	功夫
东京	夏威夷	自由女神	汉堡	孔子
和服	歌舞伎	榻榻米	纽约	总统

日本 中国 美国

分类感知训练③

4

林肯	爱因斯坦	汤川秀树	居里夫人	海明威
俾斯麦	爱迪生	达尔文	牛顿	芥川龙之介
板垣退助	圣埃克苏佩里	杉田玄白	伽利略	卡缪
吉田茂	森鸥外	孟德尔	北里柴三郎	托尔斯泰
丘吉尔	陀思妥耶夫斯基	塞林格	夏目漱石	卡夫卡
曼德拉	撒切尔	伊藤博文	戈尔巴乔夫	岩仓具视

科学家 小说家 政治家

分类感知训练③

5

人	大	口
寸	元	冬
玉	山	卷
古	木	韦

分类感知训练③

6

参考 组合后

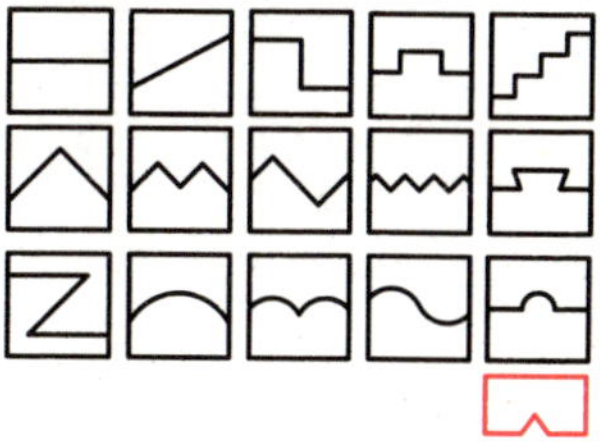

专栏 还能提升想象力和心理承受力

进行记忆力训练有很多好处，其中之一就是能够提高注意力。事实上只有注意力或记忆力单方面突出，这种情况是不存在的，甚至可以说记忆力=注意力。注意力越集中，记忆力就越好。所以，记忆力变强的好处就是，注意力也会随之提高。

自从我开始进行记忆力训练，也发生了许多可喜的变化。一个是心理承受力变强了。从前我特别容易紧张，在人前说话都会腿抖。可现在参加电视节目，周围全是艺人、工作人员和摄像机，我也能心平气和了。伴随着记忆力增强，注意力也一并提升的结果就是，我不会再被周围环境干扰，可以全身心地专注于我应该做的事。

而且我灵感产生的速度也越来越快了。本书也有关于信息关联的训练，不过运用在实际中时，往往会迸发出意料之外的新想法。只要掌握了大脑的使用方法，灵感就会不断涌现，因毫无头绪而烦恼的情况也会骤减。

若大家能从本书中学到各种各样的技巧，我就非常有成就感了。

第3章

对照感知训练

对照感知训练

1

调整为正确顺序

词语或诗句的顺序被打乱了，请将其调整为正确顺序。

例题 请将打乱的文字调整为正确顺序。

水 浮 毛 白 绿

↓

白	毛	浮	绿	水

根据4个提示猜词语。

例题　通过4个提示进行联想，猜1个词语。

红白	胡子
礼物	雪橇

➡

红白	胡子
礼物	雪橇

➡ 圣诞老人

对照感知训练

2

通过4个提示进行联想，猜1个词语

对照感知训练

3

在空白处填写汉字，组成词语

词语中有一部分是空白的。请在□处填写汉字，组成5个词语。

例题 请在□处填写汉字，组成5个词语。

□不□

参考答案

数不清
舍不得
恨不得
来不及
差不多

※仅用于参考，也可以是其他答案。

请将打乱的文字调整为正确顺序。

对照感知训练①

1

堂	玉	金	满

一	百	挑	里

经	纶	腹	满

缘	玉	良	金

自	不	禁	情

自	地	容	无

叶	根	落	归

动	惊	天	地

过	隙	驹	白

眼	开	大	界

对照感知训练 ①

2

请将打乱的文字调整为正确顺序。

生 南 豆 国 红

层 上 一 楼 更

鸟 千 山 绝 飞

知 落 少 花 多

可 手 辰 星 摘

月 前 床 光 明

云 知 处 深 不

润 细 无 声 物

火 烧 不 尽 野

存 内 海 己 知

请将打乱的文字调整为正确顺序。

对照感知训练①

3

鸦 树 老 藤 昏 枯	人 物 古 流 千 风
一 起 惊 鹭 滩 鸥	不 青 之 志 坠 云
有 悲 人 离 合 欢	里 灯 看 醉 剑 挑
在 肠 人 天 涯 断	里 如 万 吞 虎 气
瘦 肥 红 绿 是 应	自 不 肖 我 动 然

对照感知训练①

4

请将打乱的文字调整为正确顺序。

破 有 浪 长 时 会 风

青 咬 放 松 不 定 山

成 炬 灰 始 干 泪 蜡

生 天 必 材 用 有 我

公 试 天 欲 高 比 与

月 春 二 似 剪 风 刀

暮 雪 青 朝 如 丝 成

不 春 度 关 门 风 玉

来 何 处 问 笑 从 客

识 山 目 真 不 庐 面

对照感知训练 ②

1

通过4个提示进行联想，猜1个词语。

❶

金星	女神
诞生	米洛斯

➡

❷

饭团	金字塔
交通警告标志	衣架

➡

❸

萝卜	鱼丸
鸡蛋	蒟蒻

➡

❹

10日元	第3名
金属线	锈

➡

❺

土豆	意大利面
米饭	面包

➡

❻

四川	辣白菜
发酵	盐

➡

❼

黄色	第1名
镀金	奖牌

➡

❽

麦哲伦	南极
鸟	燕尾服

➡

❾

护照	飞机
纪念照	土特产

➡

❿

秘密	鸽子
硬币	扑克

➡

对照感知训练 ②

2

通过4个提示进行联想，猜1个词语。

1

钢琴	游泳
算盘	书法

➡

2

水壶	熨斗
船	火车头

➡

3

干冰	光合作用
燃烧	碳酸饮料

➡

4

游泳	健身操
骑自行车	慢跑

➡

5

发掘	空棘鱼
石头	恐龙

➡

6

恒河	咖喱
泰姬陵	包头巾

➡

7

肖邦	莫扎特
贝多芬	巴赫

➡

8

足球	海鲜饭
弗拉明戈	斗牛

➡

9

传感器	遥控器
赫歇尔	加热器

➡

10

采摘	山梨县
酒	糖

➡

对照感知训练 ②

3

通过4个提示进行联想，猜1个词语。

❶

墨水	葛饰北斋
竹皮刷	雕刻刀

➡

❷

黄豆粉	纳豆
豆腐	酱

➡

❸

印度	泰国
面包	乌冬

➡

❹

座敷童子	雪女
辘轳首	河童

➡

❺

德国	和风
肉馅	牛排

➡

❻

腕	秒
瑞士	劳力士

➡

❼

动物	星
姓名	血型

➡

❽

珍珠	金枪鱼
黄花鱼	鳗鱼

➡

❾

木材	素描
除臭	烤肉

➡

❿

冬	编织
毛线	脖子

➡

对照感知训练②

4

通过4个提示进行联想，猜1个词语。

❶

毛	沼泽
硬壳	越前

➡

❷

维米尔	达·芬奇
莫奈	毕加索

➡

❸

丰臣秀吉	搞笑
大阪烧	通天阁

➡

❹

蒸汽	芬兰
汗	水疗

➡

❺

鲜奶油	酸奶
黄油	奶酪

➡

❻

校歌	夏
证书	泪

➡

❼

德国出生	诺贝尔奖
$E=mc^2$	相对论

➡

❽

登山	拔河
跳绳	战绳

➡

❾

霉	病毒
酵母	草履虫

➡

❿

加油	红白
接力赛	掷球比赛

➡

对照感知训练 ③

1

请在□处填写汉字，组成3个词语。

❶ □子□

❷ □三□四

❸ 七□八□

对照感知训练③

2

请在□处填写汉字，组成3个词语。

1 □□子

2 龙□虎□

3 南□北□

请在□处填写汉字，组成3个词语。

对照感知训练③

3

❶ □天□

❷ 一□不□

❸ □不可□

对照感知训练③

4

请在□处填写汉字，组成3个词语。

① 人□人□

② □中□

③ 花□月□

请在□处填写汉字，组成3个词语。

对照感知训练③

5

1. □生□死

2. 无□不□

3. 天□地□

对照感知训练 ③

6

请在□处填写汉字，组成3个词语。

❶ □心□意

❷ □山□水

❸ 千□万□

对照感知训练答案

对照感知训练① 1

堂 玉 金 满	金玉满堂
经 纶 腹 满	满腹经纶
自 不 禁 情	情不自禁
叶 根 落 归	落叶归根
过 隙 驹 白	白驹过隙
一 百 挑 里	百里挑一
缘 玉 良 金	金玉良缘
自 地 容 无	无地自容
动 惊 天 地	惊天动地
眼 开 大 界	大开眼界

对照感知训练① 2

生 南 豆 国 红	红豆生南国
层 上 一 楼 更	更上一层楼
鸟 千 山 绝 飞	千山鸟飞绝
知 落 少 花 多	花落知多少
可 手 辰 星 摘	手可摘星辰
月 前 床 光 明	床前明月光
云 知 处 深 不	云深不知处
润 细 无 声 物	润物细无声
火 烧 不 尽 野	野火烧不尽
存 内 海 己 知	海内存知己

对照感知训练①
3

鸦树老藤昏枯
枯	藤	老	树	昏	鸦

人物古流千风
千	古	风	流	人	物

一起惊鹭滩鸥
惊	起	一	滩	鸥	鹭

不青之志坠云
不	坠	青	云	之	志

有悲人离合欢
人	有	悲	欢	离	合

里灯看醉剑挑
醉	里	挑	灯	看	剑

在肠人天涯断
断	肠	人	在	天	涯

里如万吞虎气
气	吞	万	里	如	虎

瘦肥红绿是应
应	是	绿	肥	红	瘦

自不岿我动然
我	自	岿	然	不	动

对照感知训练①
4

破有浪长时会风
长	风	破	浪	会	有	时

青咬放松不定山
咬	定	青	山	不	放	松

成炬灰始干泪蜡
蜡	炬	成	灰	泪	始	干

生天必材用有我
天	生	我	材	必	有	用

公试天欲高比与
欲	与	天	公	试	比	高

月春二似剪风刀
二	月	春	风	似	剪	刀

暮雪青朝如丝成
朝	如	青	丝	暮	成	雪

不春度关门风玉
春	风	不	度	玉	门	关

来何处问笑从客
笑	问	客	从	何	处	来

识山目真不庐面
不	识	庐	山	真	面	目

1	维纳斯
2	三角形
3	关东煮
4	铜
5	碳水化合物

6	泡菜
7	金
8	企鹅
9	海外旅行
10	魔术

对照感知训练② 1

1	学习
2	蒸汽
3	二氧化碳
4	有氧运动
5	化石

6	印度
7	作曲家
8	西班牙
9	红外线
10	葡萄

对照感知训练② 2

对照感知训练②

3

1	版画
2	大豆
3	咖喱
4	妖怪
5	汉堡

6	手表
7	占卜
8	养殖
9	炭
10	围巾

对照感知训练②

4

1	螃蟹
2	画家
3	大阪
4	桑拿
5	乳制品

6	毕业典礼
7	爱因斯坦
8	绳子
9	微生物
10	运动会

※仅用于参考，也可以是其他答案。

对照感知训练③ 1

❶ □子□

男子汉
君子兰
电子琴
孺子牛
孩子气

❷ □三□四

挑三拣四
朝三暮四
说三道四
低三下四
颠三倒四

❸ 七□八□

七拼八凑
七零八落
七上八下
七嘴八舌
七扭八歪

对照感知训练③ 2

❶ □□子

夜猫子
遗腹子
小姨子
负离子
半吊子
坐月子

❷ 龙□虎□

龙潭虎穴
龙精虎猛
龙争虎斗
龙腾虎跃
龙行虎步

❸ 南□北□

南征北战
南辕北辙
南腔北调
南橘北枳
南来北往

※仅用于参考，也可以是其他答案。

对照感知训练③

3

❶ □天□

开天窗
全天候
南天门
乐天派
钦天监

❷ 一□不□

一动不动
一窍不通
一丝不苟
一言不合
一尘不染

❸ □不可□

急不可待
机不可失
罪不可恕
怒不可遏
深不可测

对照感知训练③

4

❶ 人□人□

人山人海
人见人爱
人前人后
人模人样
人来人往

❷ □中□

眼中钉
肉中刺
意中人
局中人
命中率

❸ 花□月□

花容月貌
花前月下
花好月圆
花朝月夕
花闭月羞

※仅用于参考，也可以是其他答案。

对照感知训练③

5

❶ □生□死

出生入死
醉生梦死
舍生忘死
同生共死
贪生怕死

❷ 无□不□

无坚不摧
无微不至
无所不能
无孔不入
无往不利

❸ 天□地□

天高地厚
天经地义
天长地久
天南地北
天罗地网

对照感知训练③

6

❶ □心□意

三心二意
全心全意
称心如意
回心转意
粗心大意

❷ □山□水

青山绿水
千山万水
依山傍水
游山玩水
跋山涉水

❸ 千□万□

千军万马
千变万化
千差万别
千头万绪
千丝万缕

专栏

熟练掌握记笔记的方法可以进一步强化记忆

关于记忆力衰退有这样一个研究结果。记忆力并不是逐渐衰退的，而是在记忆初期阶段就会急速下降。所以说记笔记最重要的一点是要在记忆鲜明的时候记录。

通常记笔记的时间都很紧迫，只能记下关键词，所以会漏掉很多信息。尽早回忆的话，还是可以想起来的。但随着时间的流逝，有时甚至会忘记自己为什么记这个。为了避免这种情况的发生，建议大家尽可能在记笔记的当天就重新浏览一遍，补充遗漏信息。

另外，记笔记最根本的目的是将内容记入脑中。有的人会用五颜六色的笔来记录，但记忆力好坏与颜色多少并没有关系。比起那些花哨的方式，专注于内容，用心地记录更能强化记忆。画框、连线、使用记号（如“！”“？”“☆”“◎”“↑”等）、画插图，这样才能让那些费心记录的东西成为记忆中的一部分。

第4章

记忆感知训练

记忆感知训练

1 牢记图形并重现

牢记图形并在纸上画下来。先整理图形的规律和特征，然后在脑中回忆，这是提升记忆力的秘诀。在脑中重现之后，直接在纸上准确画出来吧。

例题 找出图形的特征与排列规律。用语言整理之后，默记在脑中。然后将图形画在纸上。

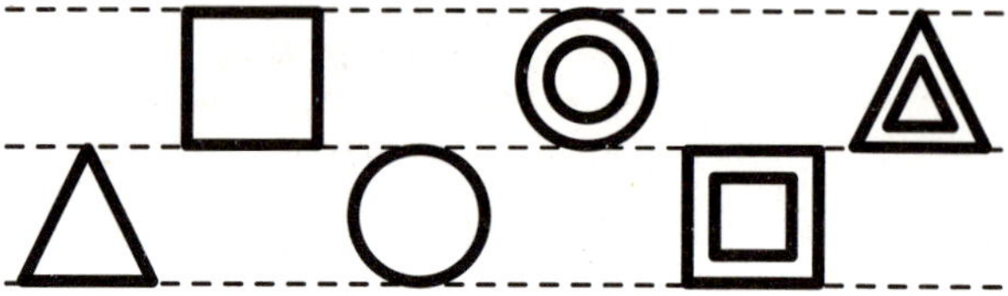

参考 图形的规律和特征

- 上下用虚线分隔
- 图形上下错开排列
- 图形按照“三角形→正方形→圆→双层圆→双层正方形→双层三角形”的顺序排列

上下词语为一组，每页共有20组。请在脑中牢记每组词语。

越是荒唐、搞笑的联想越会让人记忆深刻。当所有想象的画面浮现于脑中后，请将记起的词语填入空白处。

例题　通过想象将上下两个词语关联起来，记住所有组合后，思考空白处是哪个词语。

1	2	3
熨斗	手持烟花	下水道
薯条	尾巴	大阪烧

想象参考

1. 熨斗熨薯条
2. 手持烟花的火烧着了尾巴
3. 用下水道的热气烤大阪烧

1	2	3
熨斗	手持烟花	下水道
薯条	尾巴	大阪烧

记忆感知训练

2

思考在空白处应该填写哪个词语

记忆感知训练

3

想象立体图形

从A～D 4个方向观察上方的图形，会看到下方显示的形状。请思考下方的各个图形是从A～D哪个方向看到的。

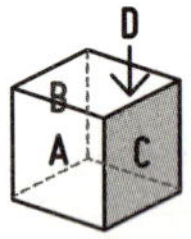

补充　A：从正面　B：从C的对面　C：从侧面　D：从上面

例题　请思考下方的各个图形是从A~D哪个方向看到的。

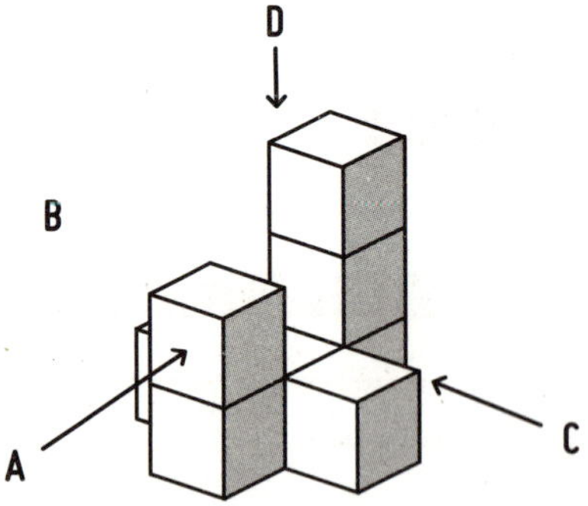

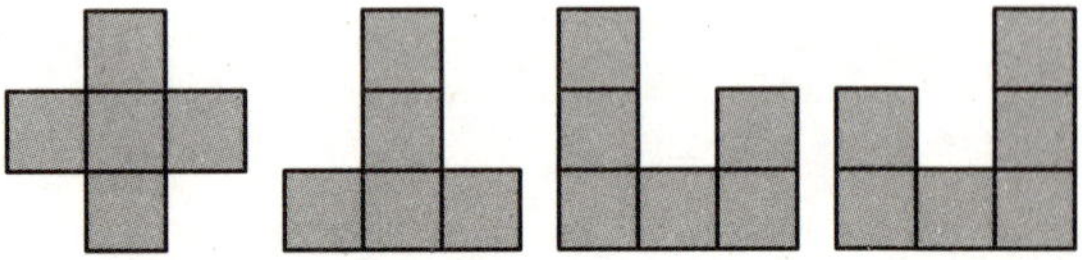

（ D ）　（ A ）　（ B ）　（ C ）

记忆感知
训练 ①

1

找出图形的特征与排列规律。用语言整理之后，记在脑中。然后将图形画在纸上。

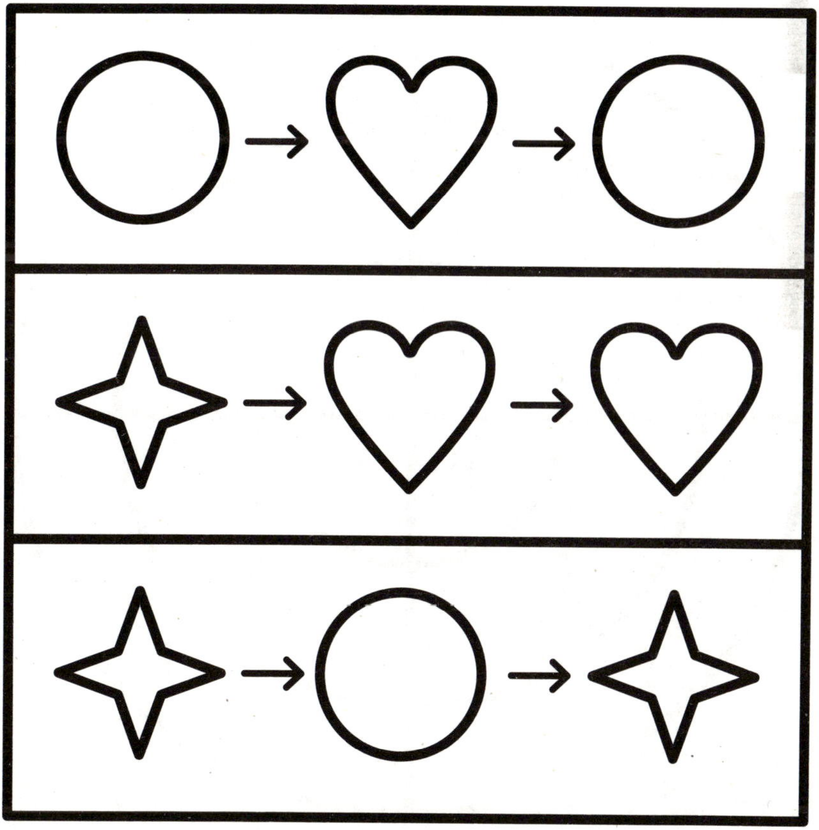

记忆感知训练 ①

2

找出图形和文字的特征与排列规律。用语言整理之后，记在脑中。然后将图形画在纸上。

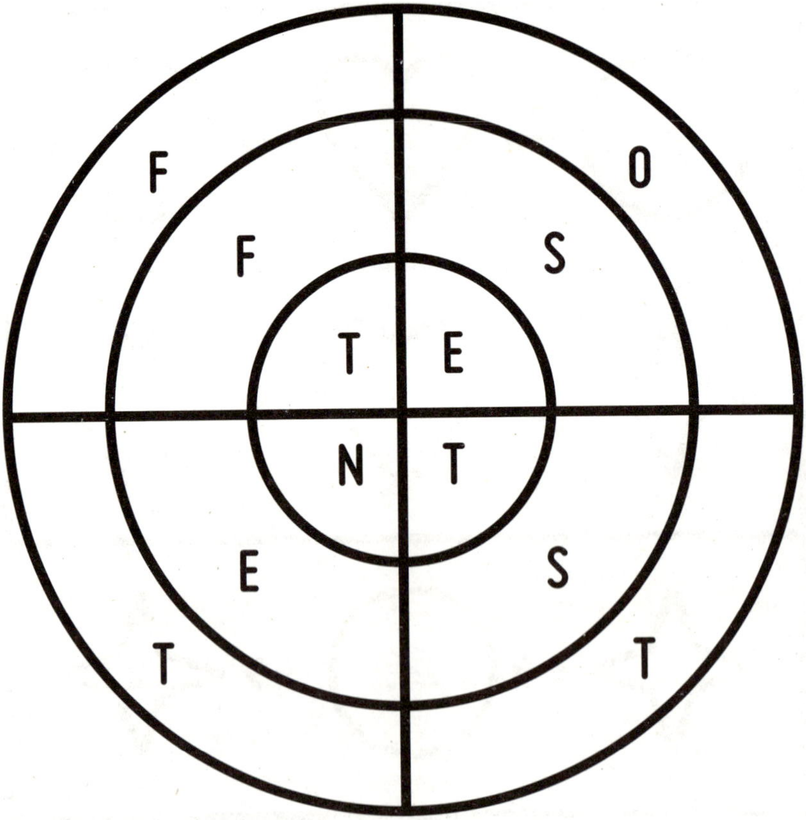

记忆感知
训练 ①
3

找出图形的特征与排列规律。用语言整理之后，记在脑中。然后将图形画在纸上。

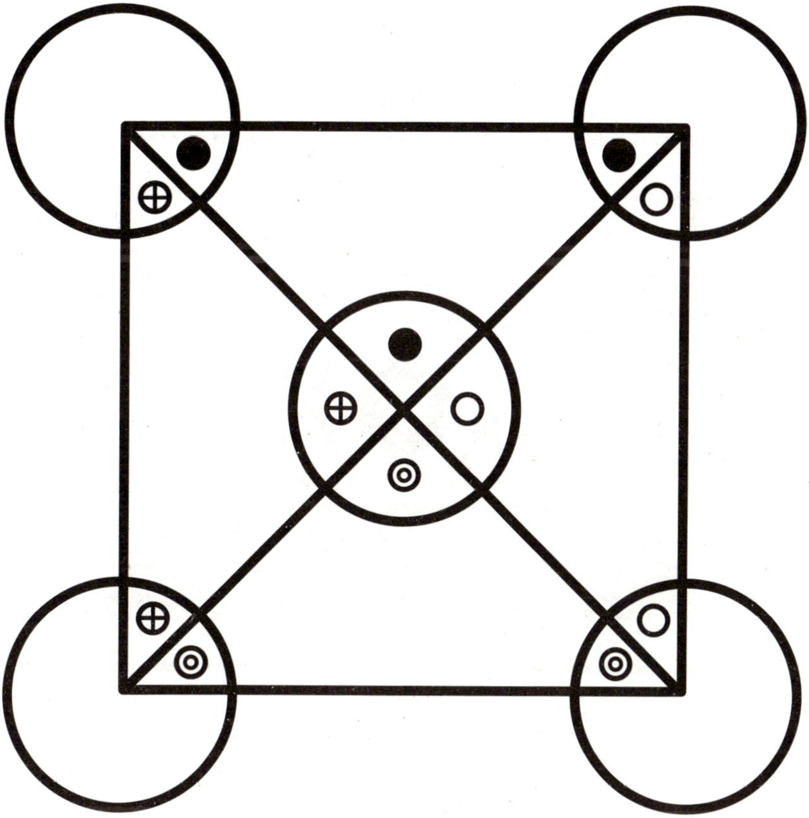

记忆感知训练 ①

4

找出图形的特征与排列规律。用语言整理之后，记在脑中。然后将图形画在纸上。

记忆感知训练 ② 1

将1~20组词语联想记忆后，翻到第107页。

1	2	3	4	5
滑雪场	哈密瓜	宇航服	吊环	鳗鱼
骰子	网球	主播	牛奶	飞机跑道

6	7	8	9	10
小木偶	汉堡	北极熊	烟囱	保险柜
耳环	海绵	独轮车	鸽子	肉馅

11	12	13	14	15
枝形吊灯	海底	剑玉	海豹	东京塔
悠悠球	榻榻米	泡芙	高尔夫球	蜡烛

16	17	18	19	20
河童	圣诞树	洪水	蜂巢	手里剑
铁质哑铃	海星	冰激凌	投球	吊钟

记忆感知训练②

2

将1~20组词语联想记忆后，翻到第108页。

1	2	3	4	5
水壶	蛋糕	窗户玻璃	南极	晴天娃娃
爆米花	大蒜	邮票	马戏	领带

6	7	8	9	10
炉子	指挥	桑拿	地球	飞镖
冷冻食品	皮夹克	牛排	斧头	马蜂

11	12	13	14	15
人鱼	木偶戏	汤	风铃	猫头鹰
俯卧撑	钢琴	煎饼	三角板	高跟鞋

16	17	18	19	20
岩浆	窗帘	校长	沙漏	轻击球
灭火器	郁金香	跳箱	大米	烧卖

记忆感知训练②

3

将1~20组词语联想记忆后，翻到第109页。

1	2	3	4	5
抹茶	镊子	睡袋	鲨鱼	气球
牙刷	鳕鱼子	捆纸币	绳子	梯子

6	7	8	9	10
鲤鱼旗	铁路道口	动物园	雨	马桶
短裙	灯笼	警报器	干冰	纸飞机

11	12	13	14	15
餐厅	探照灯	手铐	镜子	眼药水
神舆	寺庙	虎	螺丝钉	蚂蚁

16	17	18	19	20
酒	线香	壶	鲣鱼干	七巧板
海马	黏土	洗发水	微波炉	黏合剂

记忆感知训练②

4

将1~20组词语联想记忆后，翻到第110页。

1	2	3	4	5
花束	奖杯	地铁	吹风机	手套
香肠	仙人掌	兜风	风车	香水

6	7	8	9	10
橡皮船	火箭	白板	遥控器	裤子
秋刀鱼	刀	笔	炸药	肥皂

11	12	13	14	15
鞭子	竹刀	海獭	扇子	布丁
电吉他	响葫芦	耳机	锡箔纸	齿轮

16	17	18	19	20
衣柜	奖状	宝箱	白衬衫	吸铁石
警报器	放大镜	狗粮	氯	雪橇

第103页的图表中有一部分变成空白了，请仔细回忆是哪个词语。

记忆感知训练②

1

1	2	3	4	5
滑雪场	哈密瓜	宇航服	吊环	鳗鱼

6	7	8	9	10
小木偶	汉堡	北极熊	烟囱	保险柜

11	12	13	14	15
枝形吊灯	海底	剑玉	海豹	东京塔

16	17	18	19	20
河童	圣诞树	洪水	蜂巢	手里剑

记忆感知训练②

2

第104页的图表中有一部分变成空白了，请仔细回忆是哪个词语。

1	2	3	4	5
水壶		窗户玻璃	南极	晴天娃娃
	大蒜			

6	7	8	9	10
	指挥	桑拿		
冷冻食品			斧头	马蜂

11	12	13	14	15
人鱼	木偶戏	汤	风铃	
				高跟鞋

16	17	18	19	20
岩浆	窗帘		沙漏	轻击球
		跳箱		

记忆感知
训练 ②

3

第105页的图表中有一部分变成空白了，请仔细回忆是哪个词语。

1	2	3	4	5
抹茶	镊子			气球
		一捆纸币	绳子	

6	7	8	9	10
鲤鱼旗		动物园		马桶
	灯笼		干冰	

11	12	13	14	15
餐厅	探照灯		镜子	眼药水
		虎		

16	17	18	19	20
酒		壶		七巧板
	黏土		微波炉	

记忆感知训练 ②

4

第106页的图表中有一部分变成空白了，请仔细回忆是哪个词语。

1	2	3	4	5
花束	奖杯		吹风机	手套
		兜风		

6	7	8	9	10
橡皮船			遥控器	
	刀	笔		肥皂

11	12	13	14	15
鞭子			扇子	布丁
	响葫芦	耳机		

16	17	18	19	20
衣柜		宝箱	白衬衫	
	放大镜			雪橇

记忆感知训练③

1

请思考下方的各个图形是从A~D哪个方向看到的。

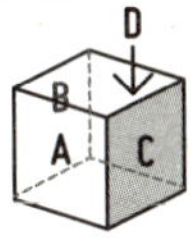

补充

A：从正面　　B：从C的对面

C：从侧面　　D：从上面

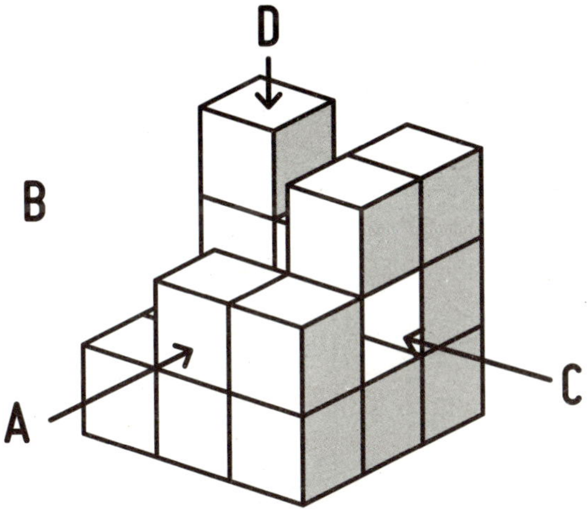

(　　)　(　　)　(　　)　(　　)

记忆感知训练 ③

2

请思考下方的各个图形是从A~D哪个方向看到的。

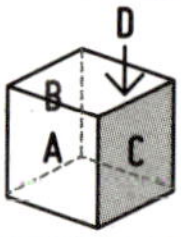

补充 A：从正面 B：从C的对面 C：从侧面 D：从上面

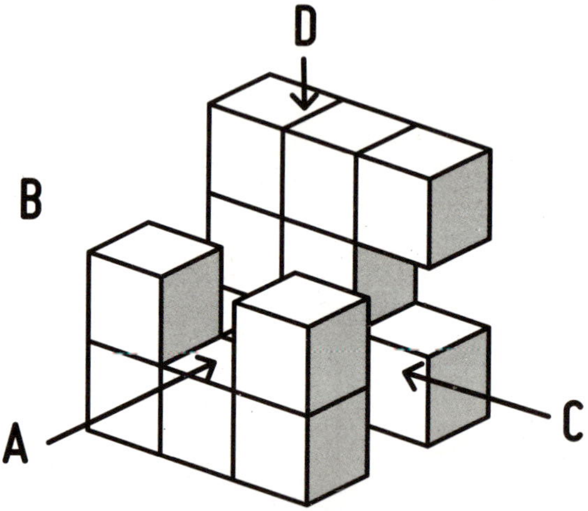

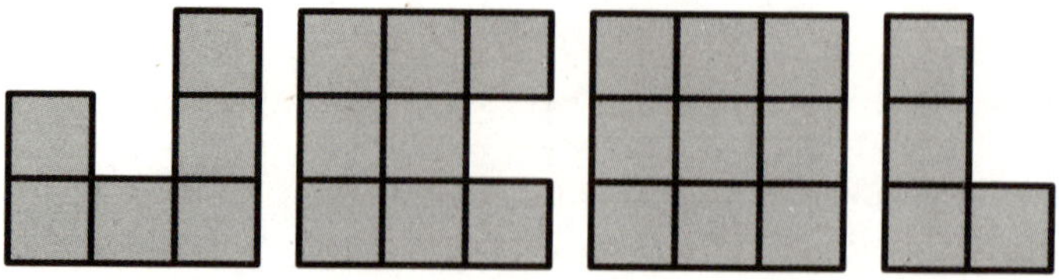

(　　) (　　) (　　) (　　)

请思考下方的各个图形是从A~D哪个方向看到的。

记忆感知训练③

3

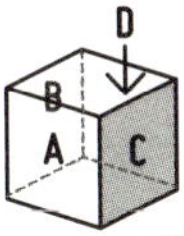

补充

A：从正面　B：从C的对面

C：从侧面　D：从上面

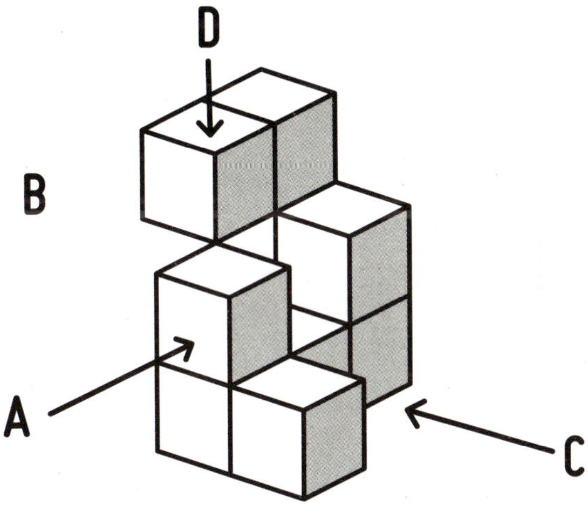

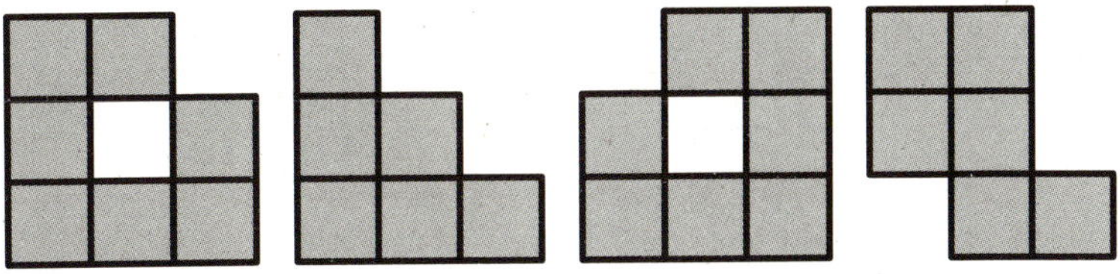

（　　　）（　　　）（　　　）（　　　）

记忆感知训练③

4

请思考下方的各个图形是从A~D哪个方向看到的。

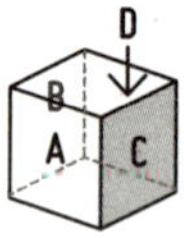

补充

A：从正面　　B：从C的对面

C：从侧面　　D：从上面

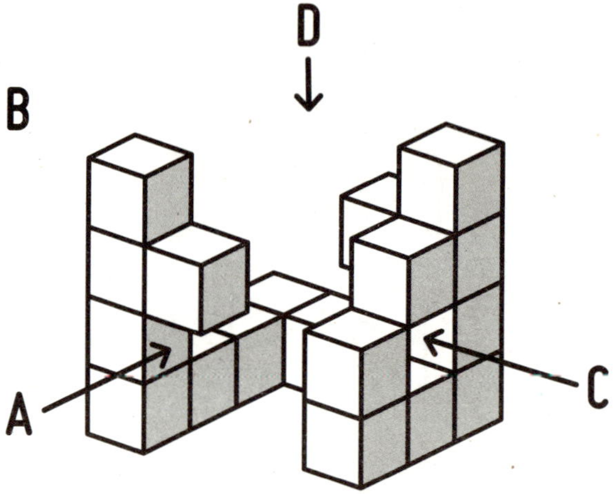

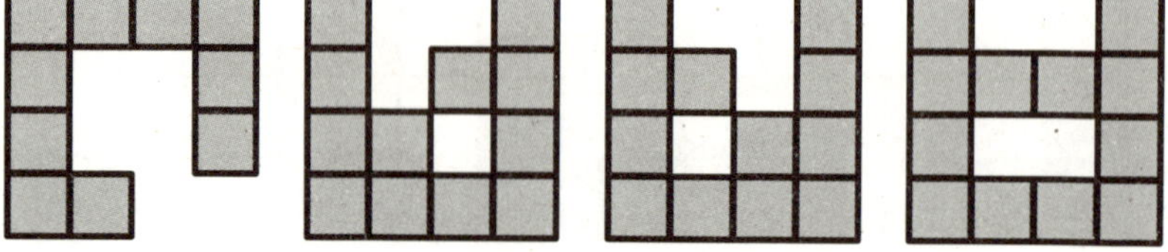

(　　)　(　　)　(　　)　(　　)

记忆感知
训练 ③

5

请思考下方的各个图形是从A~E哪个方向看到的。

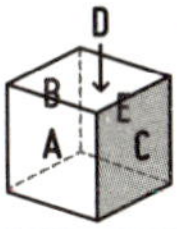

补充

A：从正面　　B：从C的对面
C：从侧面　　D：从上面
E：从内部

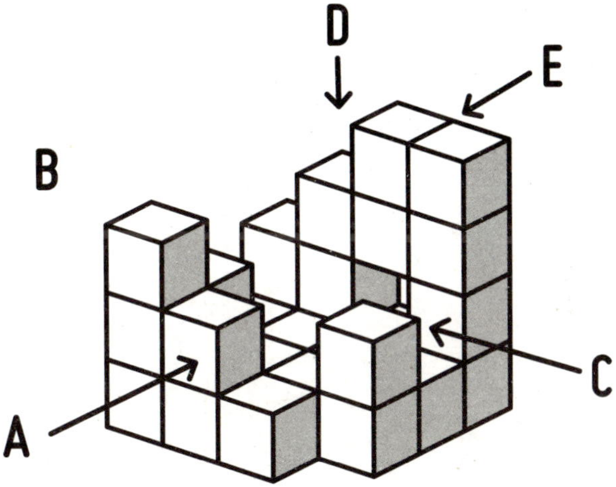

(　　　) (　　　) (　　　) (　　　) (　　　)

记忆感知训练 ③

6

请思考下方的各个图形是从A~E哪个方向看到的。

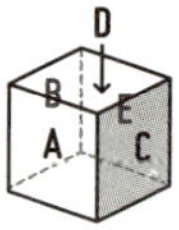

补充

A：从正面　　B：从C的对面

C：从侧面　　D：从上面

E：从内部

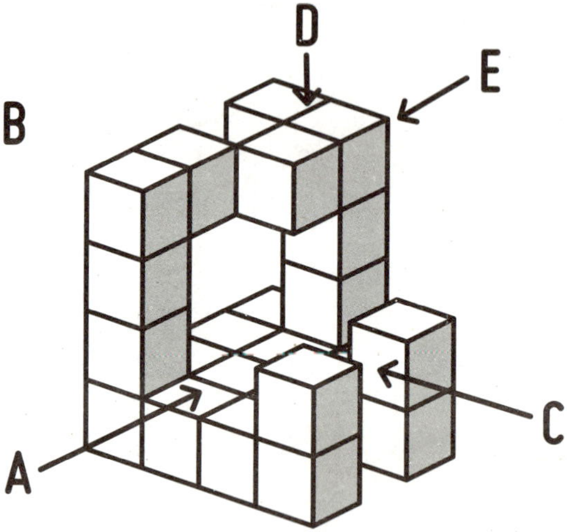

(　　　) (　　　) (　　　) (　　　) (　　　)

记忆感知训练答案

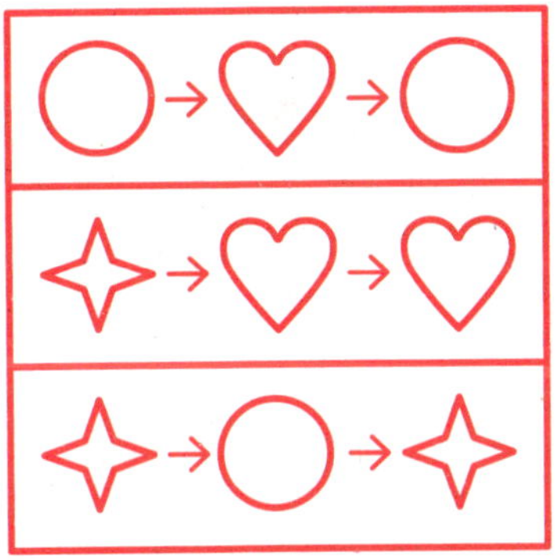

参考 图形的规律和特征

- 正方形内有3行图形
- 第1行是2个圆形夹着1个心形，第3行是2个星星夹着1个圆形
- 第2行只有左边是星星，其他是心形

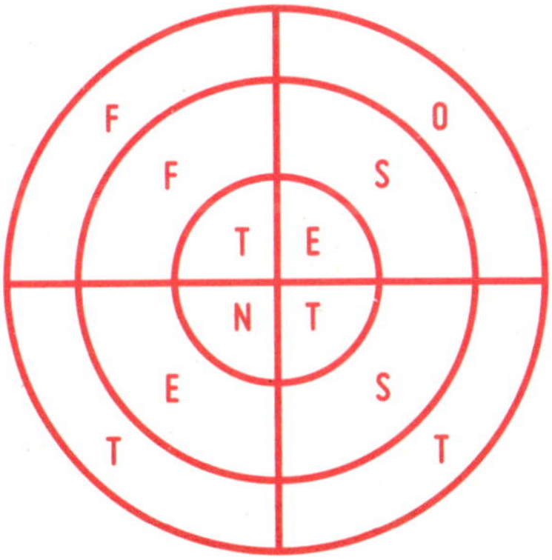

参考 图形的规律和特征

- 3个圆形
- 2条直径呈直角
- 字母从右上按顺时针排列，“大圆”是OTTF；“中圆”是SSEF；“小圆”是ETNT

记忆感知训练①

3

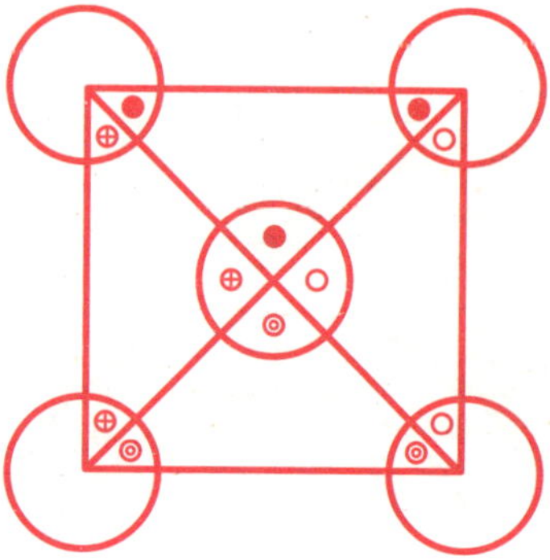

参考 图形的规律和特征

- 正方形的四角和中间都有1个圆形
- 正方形和圆形重叠的部分有小圆
- 小圆从上按顺时针排列，特征为“黑→白→双层→直径交叉”

记忆感知训练①

4

参考 图形的规律和特征

- 内外的形状都是三角形和倒三角重叠
- 三角形的3个角是黑色图形，倒三角则是白色图形。大三角形的角上是三角形，小三角形的角上是圆形
- 图形中心是2个圆形重叠。内圆是白色，外圆是黑色

记忆感知训练②

1

1	2	3	4	5
滑雪场	哈密瓜	宇航服	吊环	鳗鱼
骰子	网球	主播	牛奶	飞机跑道

6	7	8	9	10
小木偶	汉堡	北极熊	烟囱	保险柜
耳环	海绵	独轮车	鸽子	肉馅

11	12	13	14	15
枝形吊灯	海底	剑玉	海豹	东京塔
悠悠球	榻榻米	泡芙	高尔夫球	蜡烛

16	17	18	19	20
河童	圣诞树	洪水	蜂巢	手里剑
铁质哑铃	海星	冰激凌	投球	吊钟

记忆感知训练②

2

1	2	3	4	5
水壶	蛋糕	窗户玻璃	南极	晴天娃娃
爆米花	大蒜	邮票	马戏	领带

6	7	8	9	10
炉子	指挥	桑拿	地球	飞镖
冷冻食品	皮夹克	牛排	斧头	马蜂

11	12	13	14	15
人鱼	木偶戏	汤	风铃	猫头鹰
俯卧撑	钢琴	煎饼	三角板	高跟鞋

16	17	18	19	20
岩浆	窗帘	校长	沙漏	轻击球
灭火器	郁金香	跳箱	大米	烧卖

记忆感知训练②

3

1	2	3	4	5
抹茶	镊子	睡袋	鲨鱼	气球
牙刷	鳕鱼子	一捆纸币	绳子	梯子

6	7	8	9	10
鲤鱼旗	铁路道口	动物园	雨	马桶
短裙	灯笼	警报器	干冰	纸飞机

11	12	13	14	15
餐厅	探照灯	手铐	镜子	眼药水
神舆	寺庙	虎	螺丝钉	蚂蚁

16	17	18	19	20
酒	线香	壶	鲣鱼干	七巧板
海马	黏土	洗发水	微波炉	黏合剂

记忆感知训练②

4

1	2	3	4	5
花束	奖杯	地铁	吹风机	手套
香肠	仙人掌	兜风	风车	香水

6	7	8	9	10
橡皮船	火箭	白板	遥控器	裤子
秋刀鱼	刀	笔	炸药	肥皂

11	12	13	14	15
鞭子	竹刀	海獭	扇子	布丁
电吉他	响葫芦	耳机	锡箔纸	齿轮

16	17	18	19	20
衣柜	奖状	宝箱	白衬衫	吸铁石
警报器	放大镜	狗粮	氯	雪橇

记忆感知
训练③
1

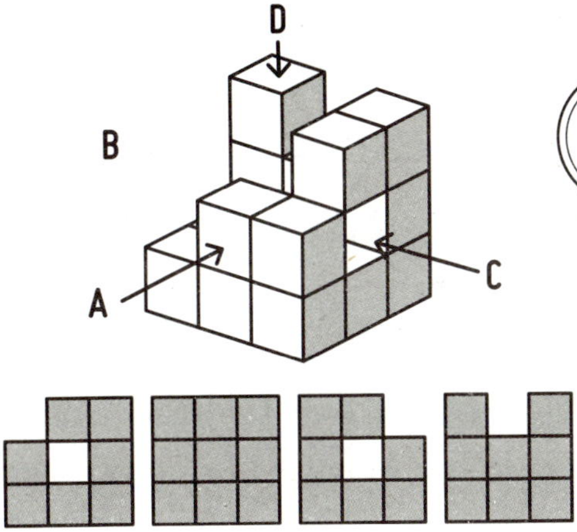

(C) (D) (B) (A)

记忆感知
训练③
2

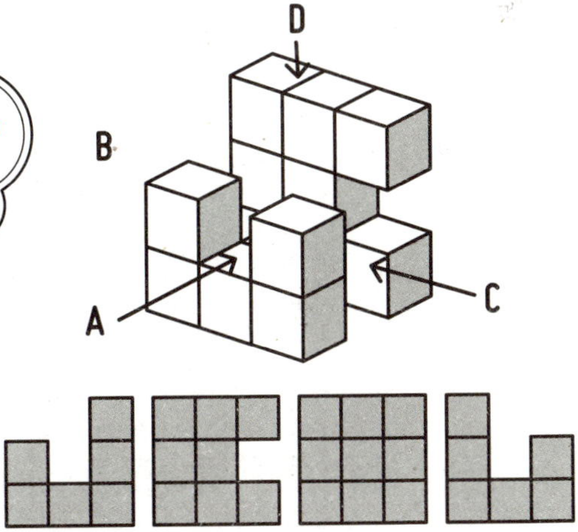

(C) (D) (A) (B)

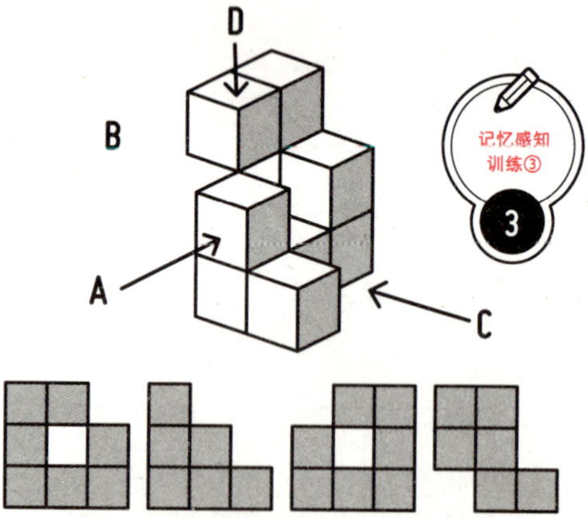

(B)　(A)　(C)　(D)

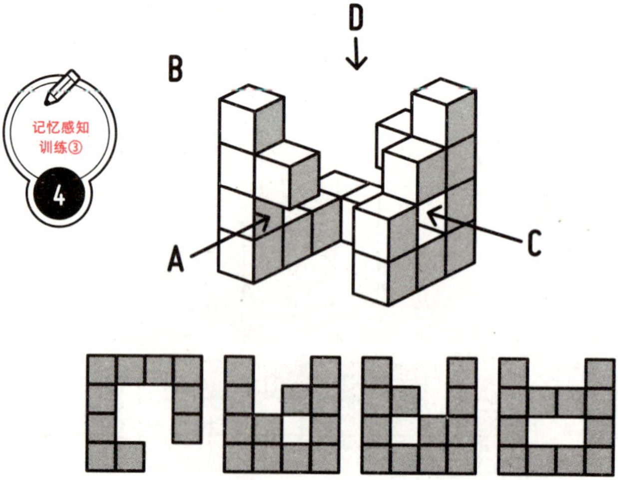

(D)　(C)　(B)　(A)

记忆感知训练③

5

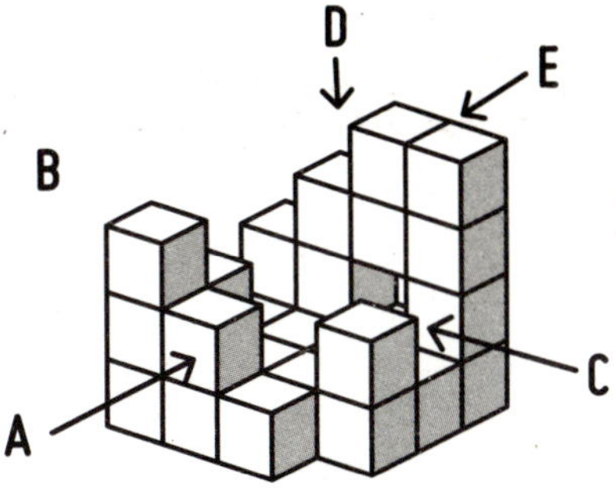

(B) (E) (A) (D) (C)

记忆感知训练③

6

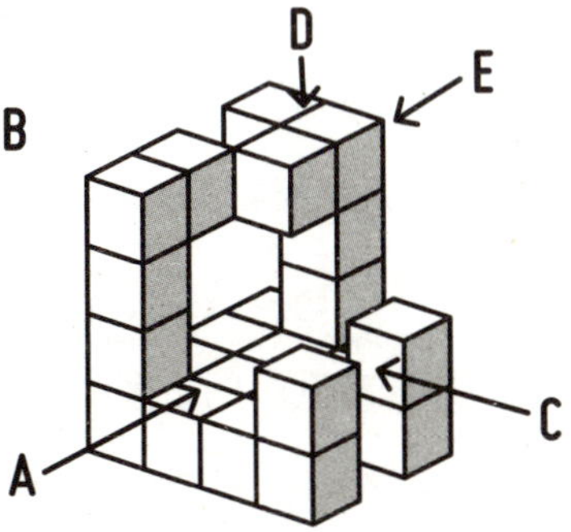

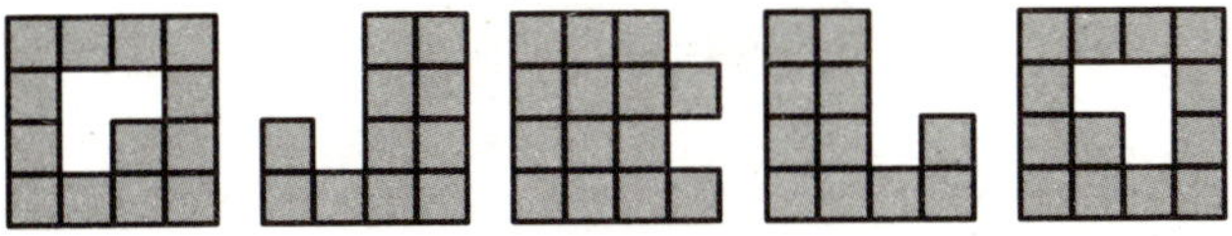

(C) (E) (D) (A) (B)

专栏 保证睡眠质量会提高学习效率

睡眠与记忆力之间的关系是密不可分的。要想保存记忆，首先就要有充足的睡眠。

即使在熟睡时，我们的大脑也在不停运行。尤其是管理记忆的海马体，功率全开。对于海马体来说，睡眠时间就是整理白天进入大脑的信息的时间。当你睡觉的时候，是不是经常会梦见一些莫名其妙的事情呢？这就是海马体在重新播放并整理记忆碎片时产生的现象。换句话说，白天进入大脑的信息就如同七巧板的板块，而海马体要做的就是将零散的板块重新组合为正确的形状，然后完成的七巧板作为记忆就会被保存在大脑中。

那么对于记忆来说最佳睡眠时间是多久呢？据哈佛大学研究，想要学会新知识和新技能，在学习当天至少要保持6小时以上的睡眠。

所以，通过减少睡眠时间来复习是最愚蠢的行为。保证充足睡眠才能学会更多技能。

第 5 章

关联感知训练

关联感知训练

1

看回答，组合算式

将第一行数字全部使用一次，进行加减乘除，最终[1]得出第二行的数字。不要动笔，使用心算吧。

加减乘除无需全部[2]使用。

另外，数字顺序可以任意排列。但算式[3]的第一位必须是上一个算式的结果。

例题 将第一行数字全部使用一次，进行加减乘除，最终得出第二行的数字。

3	9	2	4

1

解答例 3 + 9=12 / 12 ÷ 4=3 /3 － 2=1

① 答案并不唯一。请试着找出其他答案吧。

② 只有减法的算式也可以。

③ 比如计算“3+9=12”之后，可以用“12×2”，不可以用“2×12”。

关联感知训练

2 将图片调整为正确顺序

每行有5张图片，从左至右按照图片顺序编一个小故事，内容随意。

编完故事后，将打乱的图片调整为正确顺序。

例题 从左至右按照图片顺序编一个小故事，然后将打乱的图片调整为正确顺序。

故事参考　袋鼠正在练习柔道，然后被人从瀑布扔下来了。它掉落在一个生长着四叶草的地方，却突然被啄木鸟啄了头。

2	5	1	4	3

关联感知训练

3

找出特征

将框内的标志与词语、头像与人名关联起来。根据标志的形状或印象自由想象，编一个有联系的故事。编好后，回忆标志的特征，在空白处填写词语。

例题 将标志或图片与词语关联起来。全部完成后，在空白处填写正确的词语。

关联感知
训练 ①

1

将第一行数字全部使用一次，进行加减乘除。不要动笔，靠心算得出第二行的数字。

6	8	3	4

3

关联感知训练①

2

将第一行数字全部使用一次，进行加减乘除。不要动笔，靠心算得出第二行的数字。

3	2	1	5	4

10

关联感知
训练 ①

3

将第一行数字全部使用一次，进行加减乘除。不要动笔，靠心算得出第二行的数字。

6	2	8	7	9

10

关联感知训练 ①

4

将第一行数字全部使用一次，进行加减乘除。不要动笔，靠心算得出第二行的数字。

8	12	4	2	20

10

关联感知训练②

1

请将5张图片按照从左至右的顺序随意编一个小故事。5行全部看完后翻到第137页。

1 

2 

3 

4 

5 

关联感知训练②

2

请将5张图片按照从左至右的顺序随意编一个小故事。5行全部看完后翻到第138页。

1 

2 

3 

4 

5 

关联感知训练②

3

请将5张图片按照从左至右的顺序随意编一个小故事。5行全部看完后翻到第139页。

1 

2 

3 

4 

5 

关联感知训练②

4

请将5张图片按照从左至右的顺序随意编一个小故事。5行全部看完后翻到第140页。

1 

2 

3 

4 

5 

关联感知训练②

1

第133页的图片被打乱了。请回忆编好的小故事，将正确的序号写在空白处吧。

1

2

3

4

5

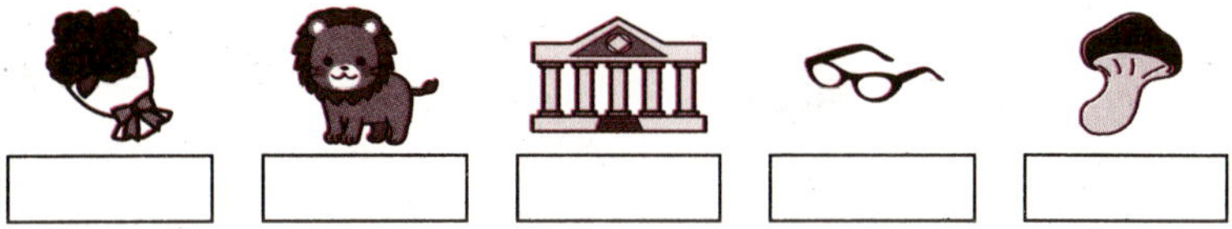

关联感知训练 ②

2

第134页的图片被打乱了。请回忆编好的小故事，将正确的序号写在空白处吧。

1

2

3

4

5

关联感知
训练②
3

第135页的图片被打乱了。请回忆编好的小故事，将正确的序号写在空白处吧。

关联感知训练②

4

第136页的图片被打乱了。请回忆编好的小故事，将正确的序号写在空白处吧。

1

2

3

4

5
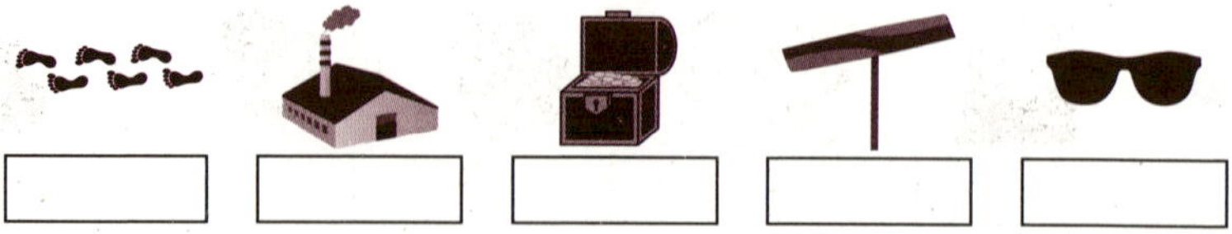

关联感知
训练③

1

将框内的标志与词语关联起来。记住后翻到第147页。

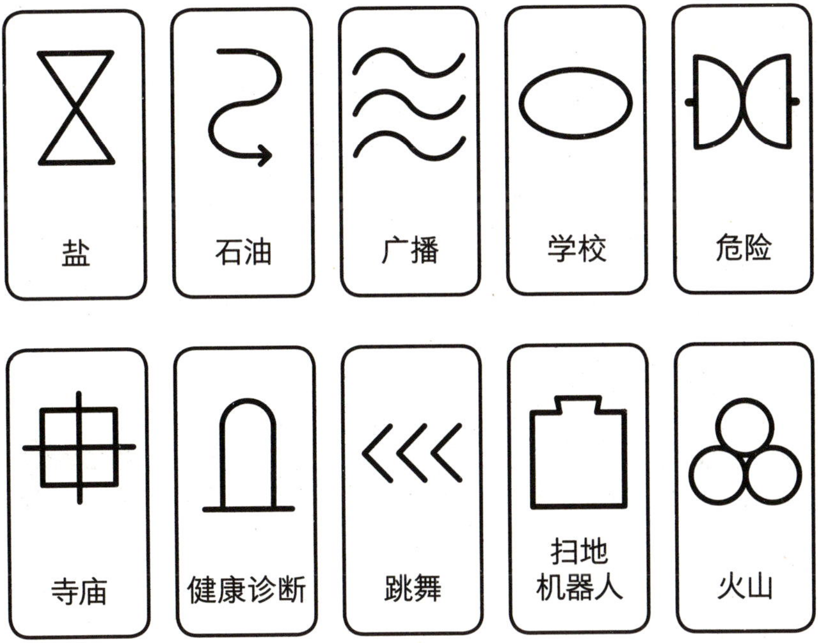

关联感知训练③

2

将框内的标志与词语关联起来。记住后翻到第148页。

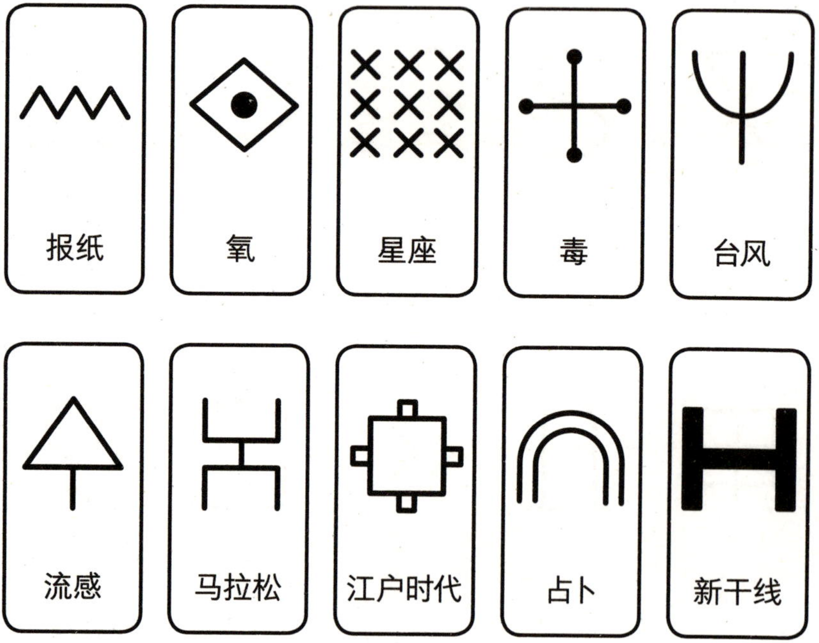

关联感知训练③

3

将框内的标志与词语关联起来。记住后翻到第149页。

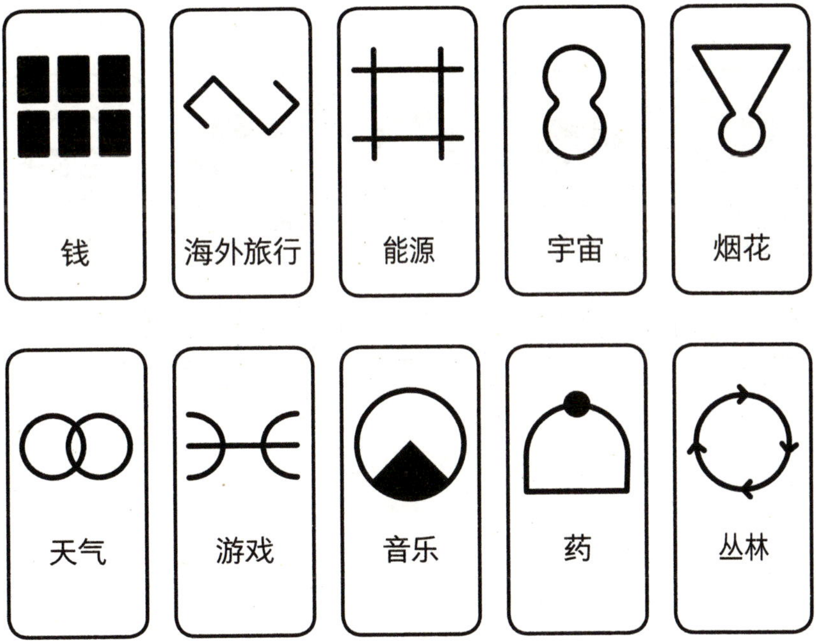

关联感知训练③

4

将5个人的头像与人名关联起来。记住后翻到第150页。

关联感知训练③

5

将5个人的头像与人名关联起来。记住后翻到第151页。

关联感知训练③ 6

将5个人的头像与人名关联起来。记住后翻到第152页。

关联感知
训练 ③

1

第141页的标志被打乱了。请回忆它们的特征，将对应的词语填写在空白处。

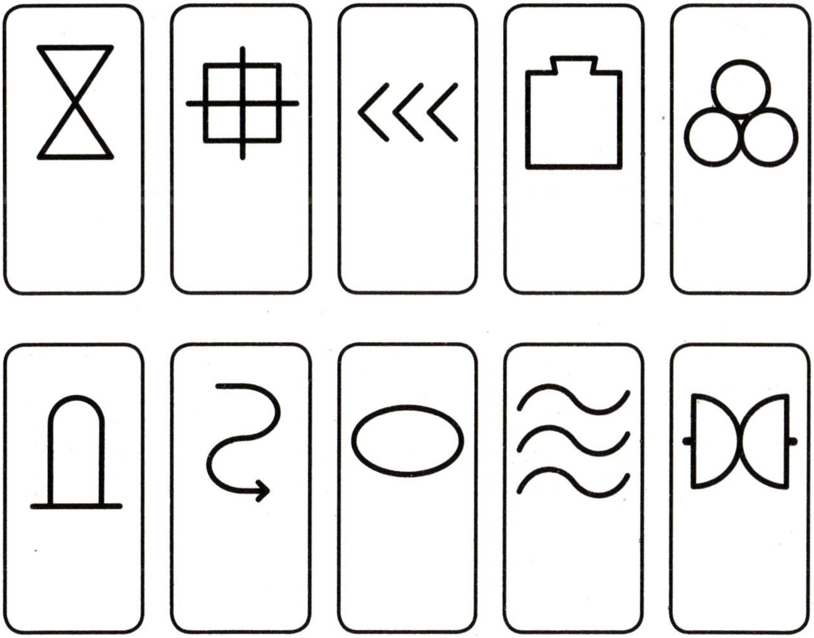

关联感知训练③

2

第142页的标志被打乱了。请回忆它们的特征，将对应的词语填写在空白处。

关联感知训练 ③

3

第143页的标志被打乱了。请回忆它们的特征，将对应的词语填写在空白处。

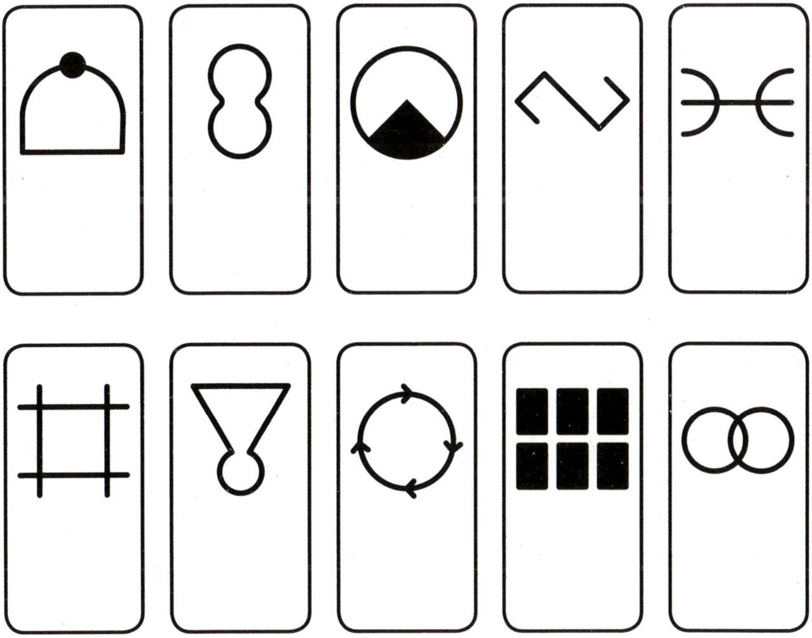

关联感知训练③

4

第144页的头像被打乱了。请回忆那些头像的特征，将对应的人名填写在空白处。

关联感知
训练 ③

5

第145页的头像被打乱了。请回忆那些头像的特征，将对应的人名填写在空白处。

关联感知训练 ③

6

第146页的头像被打乱了。请回忆那些头像的特征，将对应的人名填写在空白处。

关联感知训练答案

关联感知训练① 1

6	8	3	4

3

$8 - 3 = 5$

$5 + 4 = 9$

$9 - 6 = \underline{3}$

关联感知训练① 2

3	2	1	5	4

10

$3 - 2 = 1$

$1 \times 1 = 1$

$1 + 5 = 6$

$6 + 4 = \underline{10}$

※答案并不唯一。

其他能得出最终答案的算式也是正确的。

关联感知训练①

3

6	2	8	7	9

10

9 + 7 = 16
16 ÷ 8 = 2
2 + 2 = 4
4 + 6 = 10

关联感知训练①

4

8	12	4	2	20

10

20 − 12 = 8
8 ÷ 8 = 1
1 + 4 = 5
5 × 2 = 10

※答案并不唯一。

其他能得出最终答案的算式也是正确的。

关联感知训练②

1

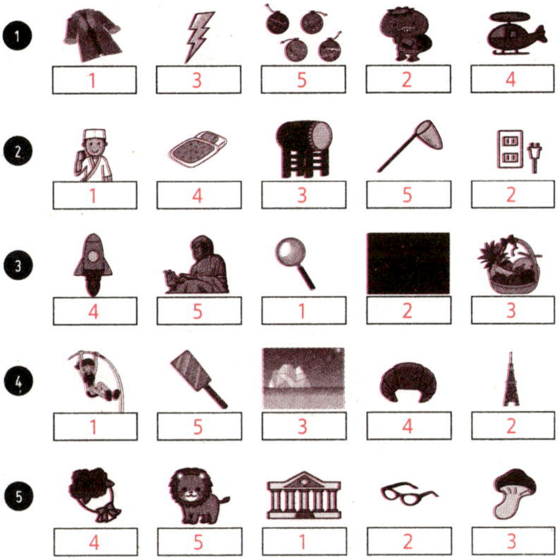

1	1	3	5	2	4
2	1	4	3	5	2
3	4	5	1	2	3
4	1	5	3	4	2
5	4	5	1	2	3

关联感知训练②

2

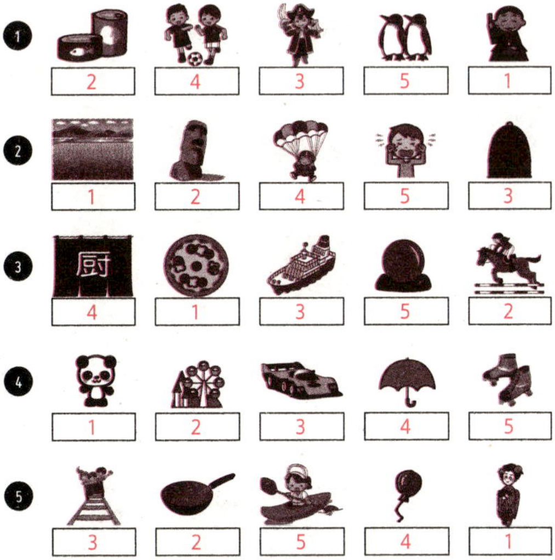

1	2	4	3	5	1
2	1	2	4	5	3
3	4	1	3	5	2
4	1	2	3	4	5
5	3	2	5	4	1

关联感知训练② 3

1
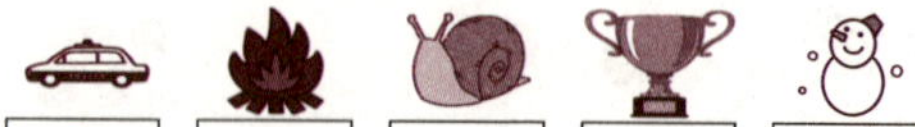

2	4	1	5	3

2

4	3	1	5	2

3

5	3	1	4	2

4

3	4	2	1	5

5

1	5	2	3	4

关联感知训练② 4

1

2	4	3	1	5

2

3	1	5	4	2

3

1	4	3	5	2

4

2	4	5	3	1

5

3	4	2	5	1

关联感知训练③

1

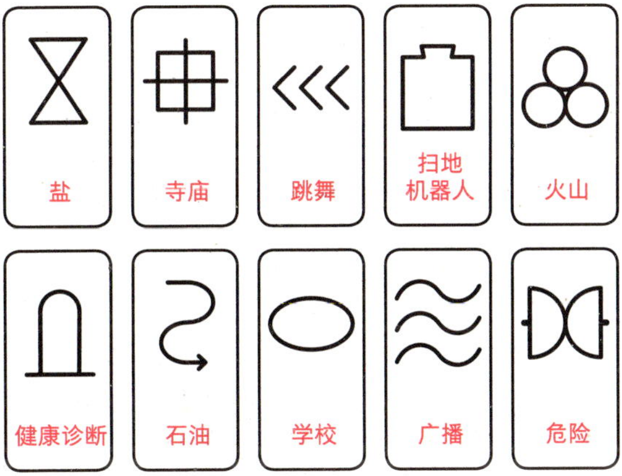

关联感知训练③

2

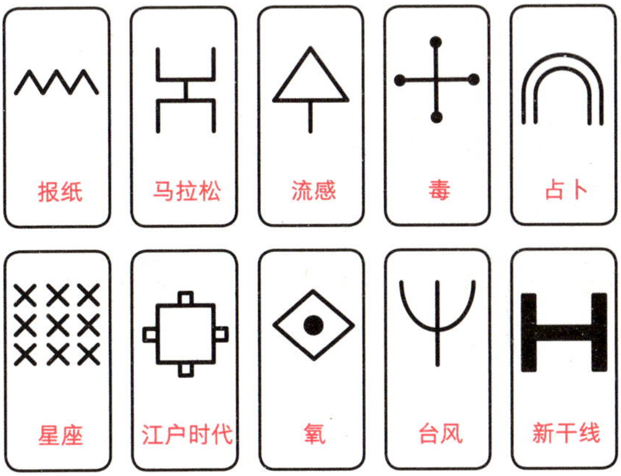

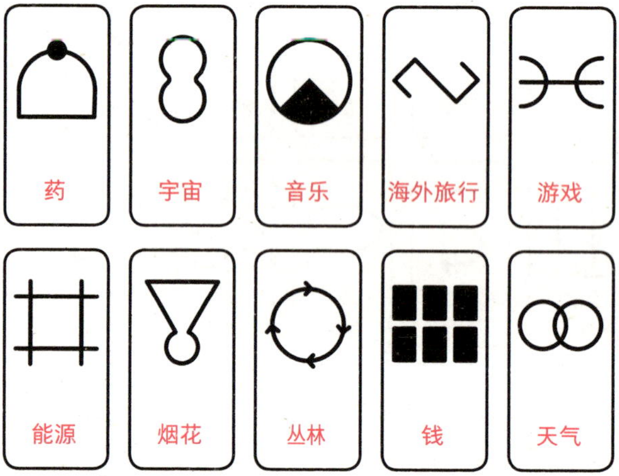
药
宇宙
音乐
海外旅行
游戏
能源
烟花
丛林
钱
天气

关联感知
训练③
3

花田
阿倍
木下
斯图尔特
米勒

关联感知
训练③
4

关联感知
训练③
5
欧文斯
成田
金子
桑切斯
小竹

关联感知
训练③
6
特纳
大木
盐川
野口
埃尔
南德斯